設計技術シリーズ

PWM DCDC 電源の設計

前 東京大学
前 宇宙航空研究開発機構　里　誠 [著]

Pulse Width Modulation

科学情報出版株式会社

まえがき

電子機器を設計している多くの方が電源を市販の電源モジュールの買い物で済ませておられます。しかし、私は自分で設計し自社で組み立てることをお勧めします。

第一の狙いは、自分が設計、製作する機器の中のブラック・ボックスを無くすこと、です。

機器を設計して納入します。お客様に対し商品に対する責任が発生します。お客様に手渡す機器の中のどれだけを自分が、あるいは自社が理解しているかにより責任を全うできるか否かが決まります。市販の電源を機器に組み込むと、その電源が、どういう考えで設計され、どう製造されているかは分かりませんから、機器の中にブラック・ボックスができます。電源に不具合が起きても中身も設計も分かりませんから解析は出来ません。客先を巻き込み、商社を介しての手紙あるいはメールのやりとりに明け暮れます。これでは提供した機器に対する責任を全うできません。解決したとしても、そのノウハウは自分あるいは自社の財産にはなりません。電源を自分で設計し製作すれば、残りの電子回路を含め、機器の中の大部分の設計が自分の頭の中に入り、目が届きます。これであれば責任をもってお客様に対処できます。

第二は、負荷となる電子回路と、電力を供給する電源の双方で最適設計ができることです。

ゼロ負荷から大きな負荷まで全く同じように品位よく電力を供給できる理想電源はありません。市販の電源は、万人に売るために、軽く、小さく、効率よく等々、良いことづくめをうたわなければならないので、ある前提をもとに最大公約数的に作られます。この設計の前提が分かり

□まえがき

ません。自分で設計すれば負荷にぴったり合う電源を作ることができます。負荷側と電源側のそれぞれの間でトレード・オフを行い、負荷側で処理するか電源側で処理するかを自由に決定できますから、最適な動作点の機器を作れます。

　第三に、電源の設計は難しくないのです。
　PWM DCDC コンバータ用の制御 IC が市販されている現代では、誰でも電源を設計できるのです。トランスとスイッチング回路の組み合わせはバイアスの深いアンプです。オーディオ・アンプと同じに考えればよいのです。電源だからといって特殊な部品はありません。強いて挙げれば、磁性材を使うトランスやインダクタ類が馴染みにくいのですが、とりあえずは専業メーカーに依頼し、知識がついたところでコア材を用意し電線を巻いて自製すればよいのです。

　市販の電源モジュールは確かに小さいのですが原則としてシャーシ・マウントです。EMI フィルタ外付けの場合はフィルタと電源の配置にも制約があり、自由な実装設計ができません。チップ素子普及のおかげで自分たちでも小さく作ることは難しくなくなりました。自分で作るのであれば機能回路と同じ基板上に組立てることもできます。こういうファクタを加味すると自製する利点が大きくクローズ・アップされます。

　この本では接続図上に現われない見えざる三次回路に多くのページを割きました。接続図を描いて部品表を作れば設計は終わりではないのです。コモン・モード・ノイズ信号パスのような見えない回路、熱の流れや振動が加わった時の部品に加わる力のように目に見えない要素、そういう要素をどれだけ多く組み入れて考えられるかが設計の品位を決めます。

　この本を偶然手に取られたあなた、電源を設計しようと思って開いたわけではなくても、きっとあなたの設計に何らかの形でお役に立つもの

－IV－

が含まれていると思います。市販の電源モジュールを使おうとしている
あなた、これを読んでからにしてください。市販電源を選定する、そし
て使うのに役立つ知識が得られるはずです。

　この書を著わすにあたって多くの方々のご協力を得ました。第一に本
書を出版してくださった科学情報出版株式会社、そして同社を紹介して
いただいた東京都市大学の西山敏樹先生、慶応大学の狼義彰先生、第二
に電源設計の専門家の立場で源泉を推敲いただいた日本アビオニクス株
式会社の鈴木隆博氏、第三に私の回路設計文書の読者で出版を薦めてく
ださった宇宙航空研究開発機構の諸氏に、心から御礼申しあげます。

おことわり

用語
　この書の中ではキャパシタ、インダクタという言葉を使います。キャ
パシタは英語圏で使われコンデンサと同じ、インダクタはチョークある
いはチョーク・コイルと同じです。チョーク・インプットという言葉も
使いますが、インダクタ・インプットとは普通呼ばないからです。

回路シミュレーション
　シミュレーションは Linear Technologies の LTspice によります。

実例図
　実例図は源泉のコピーをそのまま掲載しています。解像度が悪いので
すがご容赦ください。

－Ⅴ－

目 次

まえがき ··· III

おことわり ··· V

用語 ·· V
回路シミュレーション ····································· V
実例図 ··· V

1. PWM DCDCコンバータ

1.1 DC-AC-DCコンバータ ····································· 3
1.2 方形波の採用とPWM ······································· 3
1.3 PWM DCDC コンバータの構成 ······················ 6

2. 整流

2.1 平均化 ··· 11
2.2 平均化の条件 ··· 12
2.3 平均化の条件を満たす整流回路 ················ 18
2.4 整流回路の時定数とスイッチング周期 ········ 24
2.5 キャパシタの追加 ··································· 37
2.6 サージの吸収 ··· 45
2.7 整流回路の設計 ····································· 48
2.8 おさらい ··· 53

— VII —

□目次

3．二次系

3.1 整流回路 ・・・・・・・・・・・・・・・・・・・・・・・・・・・・・・・・・・・・・ 57

3.2 ダイオード回路 ・・・・・・・・・・・・・・・・・・・・・・・・・・・・・・ 71

3.3 ロード・レギュレーション ・・・・・・・・・・・・・・・・・・・ 79

3.4 トランス ・・・・・・・・・・・・・・・・・・・・・・・・・・・・・・・・・・・・・ 81

3.5 負荷 ・・・ 86

4．一次系

4.1 スイッチング回路 ・・・・・・・・・・・・・・・・・・・・・・・・・・・ 91

4.2 PWM IC ・・・・・・・・・・・・・・・・・・・・・・・・・・・・・・・・・・・・127

4.3 補助電源・・・・・・・・・・・・・・・・・・・・・・・・・・・・・・・・・・・・149

4.4 電圧検出・・・・・・・・・・・・・・・・・・・・・・・・・・・・・・・・・・・・156

4.5 EMIフィルタ ・・・・・・・・・・・・・・・・・・・・・・・・・・・・・・178

5．三次系

5.1 スパイク対策 ・・・・・・・・・・・・・・・・・・・・・・・・・・・・・・・206

5.2 コモン・モード・ノイズ対策 ・・・・・・・・・・・・・・・・232

5.3 電磁干渉対策 ・・・・・・・・・・・・・・・・・・・・・・・・・・・・・・・247

5.4 実装・・254

Appendix ベタ・パターン考 ・・・・・・・・・・・・・・・・・・・・・・・273

— VIII —

1.
PWM DCDC コンバータ

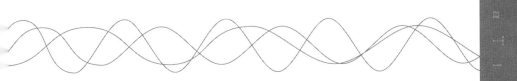

1.1 DC-AC-DC コンバータ

PWM DCDC コンバータは、Pulse Width Modulation DCDC Converter、の略です。直訳してみると、パルス幅変調型直流直流変換器、でしょうか。直流を一次入力とし直流を二次出力とする電源です。

直流を直流に変換するなら、抵抗分圧回路、シリーズ・レギュレータあるいは直流入力のオペ・アンプも直流直流変換器ということになりますが、わざわざコンバータ、つまり変換器と断っているのにはわけがあります。直流から直流を得るために、一次電源の直流をいったん交流にし、その交流を整流して直流を得るのです。厳密に言えば、DCDC コンバータではなく、DC・AC・DC コンバータです。

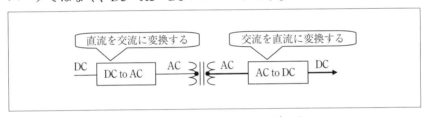

〔図1-1〕DC・AC・DC コンバータ

なぜ交流に変換するかというと、二次側で必要とするエネルギーだけを供給するよう直流電力を制御するためです。トランスが使えるという利点もあります。トランスを使えば巻線比の設定で好みの二次電圧が得られ、一次電源系と二次電源系を直流的に絶縁できるという利点も得られます。

1.2 方形波の採用と PWM

一次電源の直流を交流にする際どういう波形を使うかは自由ですが、もっとも広く使われているのが方形波です。一次電源の直流をスイッチでオン・オフして方形波にします。理由はスイッチ素子の損失を小さくできるからです。オフ状態なら素子を通過する電流はゼロなので損失はゼロ、オン状態では電流は最大ですが素子にかかる電圧がゼロなので損

□1. PWM DCDCコンバータ

失はゼロ、したがって素子の損失は常にゼロです。

　次図に、概念的に電流・電圧カーブを示します。素子にかかる電流と電圧です。

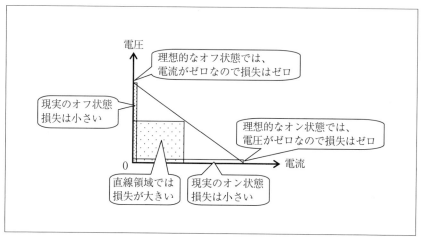

〔図1-2〕スイッチ素子の電力損失

　現実にはオン時もオフ時も若干の電圧あるいは電流が残存し、これと電流あるいは電圧との積が損失として生じます。しかし直線領域で使うより電圧と電流の積はずっと小さいのです。正弦波であれば素子を直線領域で使いますから損失は必然的に大きくなります。

　方形波発振器を用意してスイッチ素子を駆動し、トランスを介して得られる方形波を整流すれば二次出力の直流が得られるのですが、ひと工夫して一次電源電圧の変動を吸収することを考えます。

　二次側の負荷は一定だとします。つまり消費電流Iは一定とします。電圧Vが時間Tの間加わるとします。この間の電力Pは、

$$P = V \bullet I \bullet T$$

です。電源電圧が 2 倍になると、電力は、

$$P = 2V \bullet I \bullet T$$

と倍になります。このときスイッチ・オンの時間を半分にします。この
期間の平均電力は、

$$P = 2V \bullet I \bullet \frac{T}{2} = V \bullet I \bullet T$$

となり、電源電圧が V のときと同じになります。つまり一次電源電圧
に応じてパルス幅を変えてやると二次出力を一定に保つことが出来ま
す。これがパルス幅変調、PWM、の原理です。着目していただきたい
のは、ふたつの式の結果が、電圧 V と電流 I の積になっている点です。
つまり常に電力を一定に保っています。高効率が期待できる所以です。

　PWM DCDC コンバータとは、このように直流を方形波交流に変換す
る機能に、一次電源電圧の如何に関わらず二次出力電圧を一定に保つ機
能、すなわちレギュレータ機能、を追加したものです。

　DCDC コンバータには、以前にはロイヤ型と称する自励型のコンバー
タが使われたこともありました。これは鉄心の飽和特性を利用して自励
発振させるもので回路自体は簡素なのですが、トランスの設計が難しく、
また一次電源電圧によってスイッチング特性が変動するのが難で、広い
一次電源電圧範囲で安定して使うにはひと工夫が必要でした。また回路
自体にはレギュレータ機能はありません。

　PWM 型には、ロイヤ型のような難しいトランスの設計や広い一次電
源電圧範囲で安定して使うための工夫等の難しさはありません。しかし
ディスクリート部品で制御回路を組み立てると膨大になるので実用化が
難しかったのです。IC 技術が発達したおかげで、この面倒な制御回路
が小さなパッケージひとつにまとめられ市販されたので誰でも簡単に
PWM DCDC コンバータを作れるようになり、また DCDC コンバータと
言えば PWM 型を指すようになりました。

◻ 1. PWM DCDCコンバータ

1.3　PWM DCDC コンバータの構成

PWM DCDC コンバータ構成の概念図を次に示します。

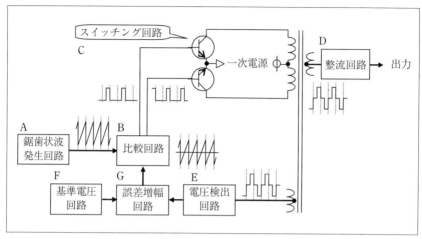

〔図1-3〕PWM DCDC コンバータ構成

一次電源の直流を交流にするための方形波を作ります。

図中の A。鋸歯状波発生回路を用意します。

図中の B。鋸歯状波の電圧と一定の電圧とを比較する回路を用意します。比較電圧より鋸歯状波の電圧が高ければオンの信号を作ります。これで方形波が得られます。

図中の C。比較回路で得られた方形波でスイッチング回路を駆動し一次電力をスイッチします。

図中の D。トランスを介して出力される方形波を整流回路で整流して直流を得ます。

これにレギュレータ機能を追加します。

図中の E。出力電圧を検出します。電圧検出回路です。

図中の F。出力電圧を一定にする為の比較基準の電圧源を用意します。

図中の G。電圧検出回路の出力と基準電圧回路の出力の差を採り、制御に必要な増幅度を稼ぎます。誤差演算増幅回路です。

誤差増幅回路の出力を比較回路に入力します。

　鋸歯状波を切り取る電圧が出力電圧と基準電圧との差で上下するので、これに合わせて方形波の幅が変わります。出力電圧が上昇したら方形波の幅を狭くし、下降したら広くして出力電圧を一定に保ちます。

　ここでは PWM DCDC コンバータにはふたつの機能があることを頭に入れておいてください。

- 一次電力を交流に変換する機能
- 一次電源電圧の如何に関わらず二次出力を一定電圧に保つレギュレータ機能

ひとつ目の交流に変換する機能はいい加減に設計しても実現できますが、ふたつ目のレギュレータ機能は整流の正しい知識を持たないと実現できません。

2.
整流

整流とは交流から直流を得ることです。PWM DCDC コンバータの鍵は整流にあります。整流回路設計を終えれば、PWM DCDC コンバータの設計は終わったといっても良いくらいです。市販の PWM DCDC コンバータ型の電源モジュールを使おうと考えておられる方は、整流についての知識を持っていただくことで、電源モジュールの選定、使い方、さらにはデータ・シートの読み方も理解されることでしょう。最低限この章は我慢してお読みください。

2.1　平均化

　方形波でスイッチされた電力は羊羹を切って並べたようなものです。一次側は二次側に必要な電力を羊羹のひと切れずつとして二次側に渡します。羊羹の高さが高ければ羊羹の幅を狭くし、低ければ幅を広げ、一回に二次側に渡す羊羹の量は一定にします。二次側では羊羹をつぶして平らにし、高さがいつも一定になるように均します。この仕事が整流です。

　スイッチがオンの間は一次側から電力が供給されます。スイッチがオフの間は一次側からの電力供給は断たれます。二次側にはスイッチのオン・オフに関わらず直流電力を供給しなければなりません。つまりオフの間も負荷に電力を供給しなければなりません。電力が供給されるのはスイッチがオンの間ですから、この間にオフ時に負荷に供給できるだけのエネルギーを貯めこんで、スイッチがオフになったら放電して負荷に電力を供給します。これが整流回路の役目です。

　エネルギーを貯め込めるのはインダクタかキャパシタです。インダクタは電流が作る磁束の形でエネルギーを貯めこみ、キャパシタは電荷の形でエネルギーを貯めこみます。つまり、整流回路はインダクタあるいはキャパシタを必要とし、これにより二次出力を一定に保つ、つまり出力を平均化するのです。

　方形波状の交流から直流を得るのは、切り取った羊羹をつぶして平ら

－ 11 －

□2. 整流

にする作業です。これだけでは単に直流を得るにすぎません。出力電圧
を一定に保つ機能、レギュレーション、を得なければなりません。

スイッチング周期 T でスイッチング・オン時間 T_1 を割ったものをデ
ューティ d と定義します。

$$d \equiv \frac{T_1}{T}$$

デューティとはスイッチング周期の何割の間、通電、つまりスイッチ・
オン、するかを示す指数です。0 から 1 の小数、あるいは 0% から
100% の百分率で表現します。

一次電源電圧 E に応じてデューティ d を制御して定電圧を得ます。
出力電圧 Vout は次で表されます。

$$Vout = d \bullet E$$

出力電圧、Vout 一定の条件は、デューティと入力電圧の積が一定に
なることと、方形波交流の完全な平均化です。

2.2　平均化の条件

PWM DCDC コンバータでは方形波状の交流電力を平均化して直流を
得ます。平均化の条件を検討しよう。

電圧 E の方形波電源を用意し、この負荷にインダクタ L と抵抗 R の
直列回路、あるいは抵抗 R とキャパシタ C の直列回路を接続します。

インダクタ L と抵抗 R の直列回路での電流、または抵抗 R とキャパ
シタ C の直列回路でのキャパシタの端電圧は、充電サイクルと放電サ
イクルで指数関数的に変化します。定常状態では次の図のような指数関
数波形の繰り返しが得られるはずです。LR 回路の場合は電流が指数関
数的に変化するのですが抵抗 R に生ずる電圧は電流に比例しますから、
ここでは分かりやすく電圧で考えることにします。

- 12 -

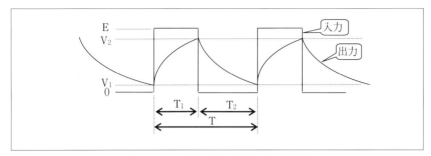

〔図2-1〕方形波入力と整流出力波形

　入力電圧はEです。V_1は整流回路の出力電圧の下限値、V_2は上限値です。T_1は充電時間、T_2は放電時間、Tはスイッチング周期です。

　電源電圧がEの期間では整流回路への充電が行われます。エネルギーの蓄積期間です。系の時定数をτ_1とします。τ_1は充電の時定数です。
　電源電圧が0の期間では整流回路から放電が行われます。エネルギーの放出期間です。系の時定数をτ_2とします。τ_2は放電の時定数です。

　T_1の期間では、電圧の初期値はV_1、Eを加えた状態で放っておけば電圧は指数関数的に限りなくEに近づいてゆくはずですから、電圧Vは時間tに対して次のように変化します。

$$V = V_1 + (E - V_1)\left(1 - \exp\left(-\frac{t}{\tau_1}\right)\right) = E + (V_1 - E)\exp\left(-\frac{t}{\tau_1}\right)$$

$t = T_1$で$V = V_2$ですから、

$$V_2 = E + (V_1 - E)\exp\left(-\frac{T_1}{\tau_1}\right) \quad \cdots\cdots\cdots\cdots\cdots\cdots\cdots\cdots (1)$$

です。
　T_2の期間では、電圧の初期値はV_2、0を加えた状態で放っておけば電圧は指数関数的に限りなく0に近づいてゆくはずですから、電圧Vは時間tに対して、

□2. 整流

$$V = 0 + (V_2 - 0)\exp\left(-\frac{t}{\tau_2}\right) = V_2 \exp\left(-\frac{t}{\tau_2}\right)$$

$t = T_2$ で $V = V_1$ ですから、

$$V_1 = V_2 \exp\left(-\frac{T_2}{\tau_2}\right)$$ .... (2)

(1) と (2) を連立して解いて V_1 と V_2 を得ます。

$$V_1 = \exp\left(-\frac{T_2}{\tau_2}\right) \bullet \frac{1 - \exp\left(-\frac{T_1}{\tau_1}\right)}{1 - \exp\left(-\frac{T_1}{\tau_1}\right)\exp\left(-\frac{T_2}{\tau_2}\right)} \bullet E$$ .... (3)

$$V_2 = \frac{1 - \exp\left(-\frac{T_1}{\tau_1}\right)}{1 - \exp\left(-\frac{T_1}{\tau_1}\right)\exp\left(-\frac{T_2}{\tau_2}\right)} \bullet E$$ .... (4)

　先の図から想像できるように、時定数 τ_1 と τ_2 がそれぞれ周期 T_1 と T_2 に対して小さければ、充電も放電も早くなりますから、波形の立ち上がり立下りが急になって三角波のような尖った波形になり品位が下がります。逆に時定数が大きければ波形の立ち上がり立下りは緩やかになり、全体として平らに近づき、つまり直流に近づき、品位は上がります。

　綺麗な直流を得たいのですから、ここで、充電の時定数と放電の時定数は充電と放電の時間に対して十分に大きいと仮定しましょう。すなわち、

　　　$\tau_1 >> T_1$、$\tau_2 >> T_2$

と前提します。

　今、x<<1 であれば次の近似が成り立ちます。

　　　$\exp(-x) = 1 - x$

これを、(4) に適用して次を得ます。

－ 14 －

$$V_2 = \frac{1 - \exp\left(-\dfrac{T_1}{\tau_1}\right)}{1 - \exp\left(-\dfrac{T_1}{\tau_1}\right)\exp\left(-\dfrac{T_2}{\tau_2}\right)} \bullet E = \frac{1 - \left(1 - \dfrac{T_1}{\tau_1}\right)}{1 - \left(1 - \dfrac{T_1}{\tau_1}\right)\left(1 - \dfrac{T_2}{\tau_2}\right)} \bullet E$$

$$= \frac{\dfrac{T_1}{\tau_1}}{\dfrac{T_1}{\tau_1} + \dfrac{T_2}{\tau_2} - \dfrac{T_1}{\tau_1} \bullet \dfrac{T_2}{\tau_2}} \bullet E$$

$\dfrac{T_1}{\tau_1} \bullet \dfrac{T_2}{\tau_2}$ の項は十分に小さいので無視すると次が得られます。

$$V_2 = \frac{\dfrac{T_1}{\tau_1}}{\dfrac{T_1}{\tau_1} + \dfrac{T_2}{\tau_2}} \bullet E \quad\text{...}\quad (5)$$

ここでデューティ d を導入しましょう。

$$T_1 = d \bullet T、\ T_2 = (1-d) \bullet T$$

ですから、これを (5) に代入すると、

$$V_2 = \frac{\dfrac{T_1}{\tau_1}}{\dfrac{T_1}{\tau_1} + \dfrac{T_2}{\tau_2}} \bullet E = \frac{\dfrac{d \bullet T}{\tau_1}}{\dfrac{d \bullet T}{\tau_1} + (1-d) \bullet \dfrac{T}{\tau_2}} \bullet E$$

$$= \frac{d}{d + (1-d)\dfrac{\tau_1}{\tau_2}} \bullet E$$

が得られます。

ここで $\tau_1 = \tau_2$ とすれば、

$$V_2 = d \bullet E \quad\text{...}\quad (7)$$

が常に成り立ちます。これは入力電圧が E で、デューティが d の場合
の平均値です。

出力電圧 V_2 が入力電圧とデューティの積、$d \bullet E$、となるためには、

□2. 整流

$\tau_1=\tau_2$、つまり充電の時定数と放電の時定数が等しくなければなりません。これが平均化の条件です。

V_1 を無視してきましたが、(3) を、$\exp(-x)=1-x$、の近似を用いて展開すれば同じ結果が得られます。正しく平均化されれば一致するのは当然です。

数値で確かめてみます。

(6) の辺辺を $d \bullet E$ で割って正規化します。

$$V_N = \frac{V_2}{d \bullet E} = \frac{V_1}{d \bullet E} = \frac{1}{d + (1-d) \bullet \dfrac{\tau_1}{\tau_2}}$$

$$= \frac{1}{d + (1-d) \bullet \dfrac{1}{\left(\dfrac{\tau_2}{\tau_1}\right)}} \quad \cdots\cdots\cdots\cdots\cdots (8)$$

$\dfrac{\tau_2}{\tau_1}$ が定まった時の、デューティに対する正規化した電圧 V_N を次表に示します。

〔表2-1〕 $\dfrac{\tau_2}{\tau_1}$ が定まった時の、デューティに対する正規化した出力電圧

$\dfrac{\tau}{T}$	d								
	0.1	0.2	0.3	0.4	0.5	0.6	0.7	0.8	0.9
1.5	1.429	1.364	1.304	1.250	1.200	1.154	1.111	1.071	1.034
1.4	1.346	1.296	1.250	1.207	1.167	1.129	1.094	1.061	1.029
1.3	1.262	1.226	1.193	1.161	1.130	1.102	1.074	1.048	1.024
1.2	1.176	1.154	1.132	1.111	1.091	1.071	1.053	1.034	1.017
1.1	1.089	1.078	1.068	1.058	1.048	1.038	1.028	1.019	1.009
1.0	1	1	1	1	1	1	1	1	1
0.9	0.909	0.918	0.928	0.938	0.947	0.957	0.968	0.978	0.989
0.8	0.816	0.833	0.851	0.870	0.889	0.909	0.930	0.952	0.976
0.7	0.722	0.745	0.769	0.795	0.824	0.854	0.886	0.921	0.959
0.6	0.625	0.652	0.682	0.714	0.750	0.789	0.833	0.882	0.938
0.5	0.526	0.556	0.588	0.625	0.667	0.714	0.769	0.833	0.909
0.4	0.426	0.455	0.488	0.526	0.571	0.625	0.690	0.769	0.870

$d \bullet E$ は得たい直流出力電圧ですから、表の数値に得たい出力電圧を掛ければ、あるデューティにおける出力電圧を求めることができます。

傾向が分かるようにグラフにしましょう。

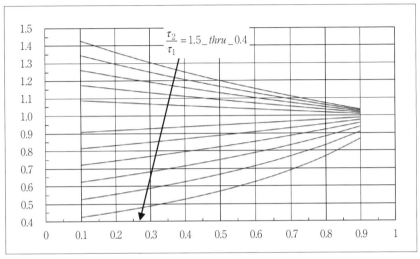

〔図 2-2〕デューティに対する正規化した出力電圧

$\frac{\tau_2}{\tau_1}=1$ 、充電の時定数と放電の時定数が等しい場合は、デューティの如何に関わらず常に 1、つまり平均値が正しく得られます。

$\frac{\tau_2}{\tau_1}>1$ 、充電の時定数より放電の時定数が大きい場合は、出力電圧は平均値より高く、デューティが小さくなるにつれて出力電圧は上がります。放電しにくいためです。

$\frac{\tau_2}{\tau_1}<1$ 、充電の時定数より放電の時定数が小さい場合は、出力電圧は平均値より低く、デューティが小さくなるにつれて出力電圧も下がります。さっさと放電されるためです。

ところで、この表は何を表しているのでしょうか。実は、この表は一次電源電圧に対する二次出力の安定度、ライン・レギュレーション、を

□2. 整流

示しています。デューティdは一次電源電圧Eに逆比例して設定します。したがって小さいデューティは高い電源電圧に、大きいデューティは低い一次電源電圧に対応します。

$\frac{\tau_2}{\tau_1}>1$ 、充電時定数より放電時定数が大きければ一次電源電圧が高くなると二次電圧は高くなり、

$\frac{\tau_2}{\tau_1}<1$ 、充電時定数より放電時定数が小さければ一次電源電圧が高くなると二次電圧が下がります。

　今までの議論では、一次電源入力から二次出力まですべて線形で扱っています。しかし実際の整流回路にはダイオードの順電圧降下のような定数項が入ります。この定数項が出力電圧と比較して無視できない場合は、$\frac{\tau_2}{\tau_1}=1$ 、充電時定数と放電時定数を等しくとっても良好なライン・レギュレーションが得られない場合があります。そのような場合は、この表を利用し、充電時定数と放電時定数の関係を故意に操作し、定数項で生ずる誤差を補正してライン・レギュレーションを稼ぐことができます。この手法については一次系の設計で触れます。

2.3　平均化の条件を満たす整流回路
　整流回路の時定数がスイッチング周期に対して十分に大きく、かつ充電の時定数と放電の時定数が等しい時、正しい平均化が得られ、レギュレーションが正常に行われることが分かりました。ここでは、この条件を満たすことのできる整流回路を考察します。

　エネルギーを蓄えられる要素はキャパシタかインダクタです。したがってキャパシタを使うかインダクタを使うかの二種しかありません。
　整流の条件の導出時と同様に、方形波電源を用意しましょう。以下の論議ではダイオードは理想ダイオード、つまり内部抵抗はゼロとします。

2.3.1 キャパシタ・インプット回路

　キャパシタ・インプットの基本回路は次図のとおりです。R_L は負荷抵抗です。

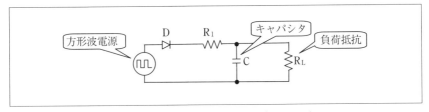

〔図2-3〕キャパシタ・インプット回路

　充電サイクルの電流経路は次のとおりです。

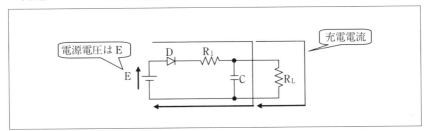

〔図2-4〕充電サイクルの電流経路

　キャパシタはトランスの出力電圧を抵抗 R_1 と負荷 R_L で分圧した出力で充電されます。したがって充電サイクルの等価回路はホウ・テブナンの定理を適用して次のようになります。

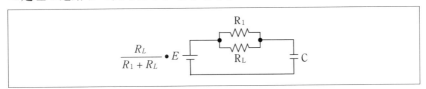

〔図2-5〕充電サイクルの等価回路

　これから充電の時定数 τ_1 は、

2. 整流

$$\tau_1 = C \cdot (R_L \| R_1) = C \cdot \cfrac{1}{\cfrac{1}{R_L} + \cfrac{1}{R_1}} = C \cdot R_L \cdot \cfrac{1}{1 + \cfrac{R_L}{R_1}}$$

です。

一方放電サイクルの電流経路は次のとおりです。

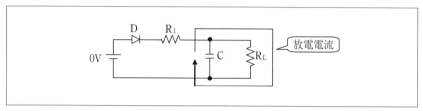

〔図 2-6〕放電サイクルの電流経路

キャパシタに蓄えられた電荷は負荷抵抗 R_L のみを介して放電します。放電の時定数 τ_2 は、

$$\tau_2 = C \cdot R_L$$

です。

充電の時定数 τ_1 と放電の時定数 τ_2 とを比べてみてください。如何にしても $\tau_1 = \tau_2$ は成立しません。成立させるには、$R_1 >> R_L$、でなければなりません。負荷抵抗 R_L に比べて電力源からの抵抗 R_1 を大きくするということですが、R_1 は電流回路に直列に入っているので損失を与えるだけ。値を大きくすれば出力電力はとれず実用になりません。

電力を得るには、抵抗 R_1 は無し、つまりゼロにしなければなりません。その時は充電の時定数はゼロ、すなわちピーク電圧のサンプリング回路になってしまいます。これでは整流にはなりません。

以上のようにキャパシタ・インプット回路は PWM DCDC コンバータの整流には使えません。

2.3.2 チョーク・インプット回路

　チョーク・インプット回路は次図のとおり、インダクタと抵抗の直列回路です。抵抗 R_L は抵抗器そのものでもよく、負荷の等価抵抗と考えても差し支えありません。

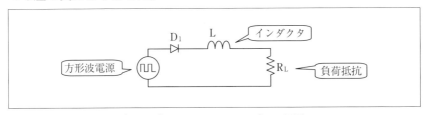

〔図 2-7〕チョーク・インプット回路

　充電サイクルを考えます。スイッチング出力がオンの間は方形波電源からインダクタ L と抵抗 R_L の直列接続に電力を流し込みます。

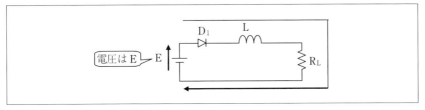

〔図 2-8〕充電サイクルの電流経路

　充電の時定数 τ_1 は、インダクタ L と抵抗 R_L で決まり、$\tau_1 = \dfrac{L}{R_L}$ 、です。

　放電サイクルを考えます。スイッチング出力がオフになると、インダクタは今まで流れていた電流を維持しようとし、自身が電流源となって電力を供給します。ところがダイオード D_1 が頑張っているので電流を流せません。そこでダイオード D_2 を追加して還流パスを作ります。

□2. 整流

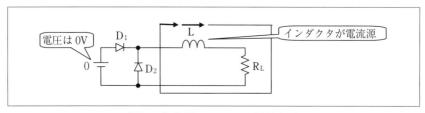

〔図2-9〕放電サイクルの電流経路

　このときの放電経路は充電の時と変わりません。

　放電時定数 τ_2 は、$\tau_2 = \dfrac{L}{R_L}$ 、です。

　充電の時定数 τ_1 と放電の時定数 τ_2 とを比べてみると、$\tau_1 = \tau_2$、が成り立っています。充電時定数と放電時定数は一致します。

　チョーク・インプット型では充電時と放電時の電流経路が同じなので、$\tau_1 = \tau_2$ の関係が常に成立します。したがってPWM DCDC コンバータの整流回路として採用できます。

2.3.3　チョーク・インプット回路の問題点

　完全な平均化を得るための整流回路はチョーク・インプット回路に限られることが分かりました。したがってチョーク・インプット回路固有の特性がPWM DCDCコンバータの特性になります。

(1) 負荷無しでは使えない

　整流の鍵は整流回路の時定数でした。

　チョーク・インプット回路の時定数を眺め直してみます。

$$\tau = \dfrac{L}{R_L}$$

　負荷無しということは抵抗 R_L が無限大ということ、つまり時定数がゼロ。これでは整流が成立しません。したがって整流回路には常に電流を流さなければなりません。負荷がゼロになることがあれば、負荷に並列に抵抗（ブリーダ抵抗と呼びます）を足して暗電流を流してやります。

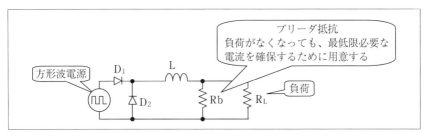

〔図2-10〕ブリーダ抵抗の追加

　ブリーダ抵抗の値は、もっとも軽い負荷のときに許容されるリップル値を求め、これを満たす時定数が得られるだけの電流を流すように決めます。

(2) 大きなインダクタ

　たとえばスイッチング周波数を100kHzとします。周期は10usです。整流時定数をスイッチング周期の1000倍にとるとリップルは殆ど気になりませんから1000倍とすると時定数は10msです。

　得たい直流電圧が10V、負荷電流を100mAとすると、等価負荷抵抗R_Lは、

$$R_L = \frac{10V}{100mA} = 100\Omega$$、です。

したがって、必要なインダクタは、$10ms \times 100\Omega = 1H$、という大きなものになります。

　もし負荷電流が10mAなら、なんと10Hという巨大なインダクタが必要です。もし負荷電流が10mAから100mAの範囲で理想的な平均化を求めるとすれば、10mAという少ない方の電流値に合わせてインダクタは10Hを必要とします。インダクタは端的に言えば鉄と銅の固まりですから大きくて重いものです。大きなインダクタは必然的に機器を大きく重くします。

□2. 整流

(3) サージ電圧の発生

　インダクタンスは常に一定の電流を保持しようとする性質があるので、負荷が急変するとインダクタが蓄えている電流と負荷抵抗との積でサージ電圧が生じます。サージ電圧は負荷が軽くなれば高くなり、重くなれば低くなります。一般には部品の耐圧を考えて電圧が高くなるのを問題にしますが、デジタル素子だと電圧降下で論理が誤動作する可能性があるので負荷が重くなった瞬間に電圧が下がるのも問題です。

　たとえば出力電圧が10Vだとし、定常時の負荷電流が100mAだとします。ここで負荷が急に100mAから10mAに減ったとします。

定常時の等価負荷抵抗は、$\dfrac{10V}{100mA}=100\Omega$ 、ですが、

負荷10mA時の等価負荷抵抗は、$\dfrac{10V}{10mA}=1k\Omega$ 、です。

インダクタは100mAの電流を保持しようとしていますから、この電流が等価抵抗1kΩに流れ込みます。したがって、負荷抵抗の両端にはなんと、$100mA \times 1k\Omega = 100V$、が瞬間的に生ずるという計算になります。

　極力負荷電流の変化が少なくなるように負荷側で配慮するのが大切なのですが、抑えにくいときはブリーダ抵抗に流す電流を大きくして電流変化を抑えます。しかしブリーダ抵抗に流す電流は定常的に流れるので損失が大きくなるのが難です。過渡時の問題ですからキャパシタを利用して抑えます。後で触れます。

２．４　整流回路の時定数とスイッチング周期

　正しい平均値を得るには充電の時定数 τ_1 と放電の時定数 τ_2 が等しいこと、この条件を満たす整流回路はチョーク・インプット回路でした。

　この導出の過程で、整流回路の時定数 τ がスイッチング周期 T より十分に大きい、すなわち、τ>>T、と仮定しましたが、この通りにチョーク・インプット回路の時定数を定めると巨大なインダクタが必要にな

- 24 -

りました。整流回路の時定数 τ を大きく採るといっても、どの程度大きければよいのでしょうか。スイッチング周期と整流回路の時定数との関係を検討してみます。

充電の時定数と放電の時定数が等しいこと、すなわち、$\tau_1 = \tau_2$、を前提とし、整流回路の時定数がスイッチング周期に対して十分に大きいという仮定、$\tau \gg T$、を導入する前の式に戻ります。
平均化の条件を導いたとき掲げた図を再掲します。

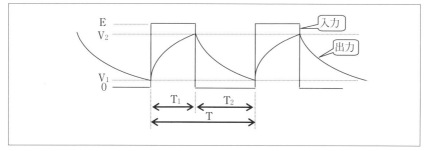

〔図2-1再掲〕方形波入力と整流波形

Eは入力電圧、V_2、V_1 は、それぞれ整流出力電圧の最大値と最小値、T_1、T_2、T は、それぞれ充電時間、放電時間とスイッチング周期、です。

V_1 と V_2 は平均化の条件を導いたときに求めました。式を再掲します。τ_1 は充電の、τ_2 は放電のそれぞれ時定数です。

$$V_1 = \exp\left(-\frac{T_2}{\tau_2}\right) \bullet \frac{1-\exp\left(-\frac{T_1}{\tau_1}\right)}{1-\exp\left(-\frac{T_1}{\tau_1}\right)\exp\left(-\frac{T_2}{\tau_2}\right)} \bullet E$$

$$V_2 = \frac{1-\exp\left(-\frac{T_1}{\tau_1}\right)}{1-\exp\left(-\frac{T_1}{\tau_1}\right)\exp\left(-\frac{T_2}{\tau_2}\right)} \bullet E$$

□2. 整流

$\tau_1=\tau_2$ ですから、τ_1 と τ_2 を τ で置き換えます。

$$V_1 = \exp\left(-\frac{T_2}{\tau}\right) \bullet \frac{1-\exp\left(-\dfrac{T_1}{\tau}\right)}{1-\exp\left(-\dfrac{T_1}{\tau}\right)\exp\left(-\dfrac{T_2}{\tau}\right)} \bullet E$$

$$V_2 = \frac{1-\exp\left(-\dfrac{T_1}{\tau}\right)}{1-\exp\left(-\dfrac{T_1}{\tau}\right)\exp\left(-\dfrac{T_2}{\tau}\right)} \bullet E$$

$T_1=dT$、$T_2=(1-d)T$、を代入します。d はデューティです。

$$V_1 = \exp\left(-\frac{(1-d)T}{\tau}\right) \bullet \frac{1-\exp\left(-\dfrac{dT}{\tau}\right)}{1-\exp\left(-\dfrac{dT}{\tau}\right)\exp\left(-\dfrac{(1-d)T}{\tau}\right)} \bullet E$$

$$V_2 = \frac{1-\exp\left(-\dfrac{dT}{\tau}\right)}{1-\exp\left(-\dfrac{dT}{\tau}\right)\exp\left(-\dfrac{(1-d)T}{\tau}\right)} \bullet E$$

$\dfrac{\tau}{T}$ で整理します。

$$V_1 = \exp\left(-\frac{1-d}{\dfrac{\tau}{T}}\right) \bullet \frac{1-\exp\left(-\dfrac{d}{\dfrac{\tau}{T}}\right)}{1-\exp\left(-\dfrac{d}{\dfrac{\tau}{T}}\right)\exp\left(-\dfrac{1-d}{\dfrac{\tau}{T}}\right)} \bullet E$$

$$V_2 = \cfrac{1 - \exp\left(-\cfrac{d}{\cfrac{\tau}{T}}\right)}{1 - \exp\left(-\cfrac{d}{\cfrac{\tau}{T}}\right)\exp\left(-\cfrac{1-d}{\cfrac{\tau}{T}}\right)} \bullet E$$

さらに、得たい出力電圧、dE、で割って正規化します。

$$V_{N1} = \frac{1}{d} \bullet \exp\left(-\cfrac{1-d}{\cfrac{\tau}{T}}\right) \bullet \cfrac{1 - \exp\left(-\cfrac{d}{\cfrac{\tau}{T}}\right)}{1 - \exp\left(-\cfrac{d}{\cfrac{\tau}{T}}\right)\exp\left(-\cfrac{1-d}{\cfrac{\tau}{T}}\right)}$$

$$V_{N2} = \frac{1}{d} \bullet \cfrac{1 - \exp\left(-\cfrac{d}{\cfrac{\tau}{T}}\right)}{1 - \exp\left(-\cfrac{d}{\cfrac{\tau}{T}}\right)\exp\left(-\cfrac{1-d}{\cfrac{\tau}{T}}\right)}$$

　得られた式を用い、設定された、$\dfrac{\tau}{T}$　、に対して、デューティ d が変化した場合の出力を計算したのが次の表です。

□2. 整流

〔表 2-2〕デューティに対する最大電圧値 V_{N2} と最小電圧値 V_{N1}

$\dfrac{\tau}{T}$	d								
	0.1	0.2	0.3	0.4	0.5	0.6	0.7	0.8	0.9
1000	1	1	1	1	1	1	1	1	1
	1	1	1	1	1	1	1	1	1
300	1.002	1.001	1.001	1.001	1.001	1	1	1	1
	0.999	0.999	0.999	0.999	0.999	0.999	0.999	1	1
100	1.005	1.004	1.004	1.003	1.002	1.002	1.001	1.001	1
	0.996	0.996	0.997	0.997	0.998	0.998	0.998	0.999	0.999
30	1.015	1.013	1.012	1.010	1.008	1.007	1.005	1.003	1.002
	0.985	0.987	0.988	0.990	0.992	0.993	0.995	0.997	0.998
10	1.046	1.040	1.035	1.030	1.025	1.020	1.015	1.010	1.005
	0.956	0.960	0.965	0.970	0.975	0.980	0.985	0.990	0.995
3	1.157	1.138	1.119	1.101	1.083	1.066	1.049	1.032	1.016
	0.857	0.871	0.886	0.901	0.917	0.933	0.949	0.966	0.983
1	1.505	1.434	1.367	1.304	1.245	1.190	1.138	1.089	1.043
	0.612	0.644	0.679	0.716	0.755	0.797	0.843	0.892	0.944
0.3	2.940	2.523	2.185	1.909	1.682	1.494	1.338	1.206	1.095
	0.146	0.175	0.212	0.258	0.318	0.394	0.492	0.619	0.784
0.1	6.321	4.324	3.168	2.454	1.987	1.663	1.427	1.250	1.111
	0.001	0.001	0.003	0.006	0.013	0.030	0.071	0.169	0.409

各行は整流出力電圧を示し、上段は最大値 V_{N2}、下段は最小値 V_{N1} のそれぞれを示す

$\dfrac{\tau}{T}=1000$ 、整流回路の時定数がスイッチング周期の 1000 倍もある場合は、V_{N2} と V_{N1} がデューティの全範囲で常に 1 と理想的な出力が得られています。整流回路の時定数がスイッチング周期より十分大きい、つまり $\tau >> T$ の関係が成り立っているからです。

$\dfrac{\tau}{T}$ が小さくなる、整流回路の時定数がスイッチング周期に対して小さくなるにつれて、V_{N2} と V_{N1} の値が離れてきます。つまり整流効果が弱くなることを示しています。

表の示す値をシミュレーションで見てみましょう。
時定数は 10us、スイッチング周期は 10us、つまり $\dfrac{\tau}{T}=1$ の場合です。
表の値と直接対応して見ることが出来るように出力電圧が 1V となるように設定しました。負荷電流は 10mA です。表の数値と比較してみて

- 28 -

ください。

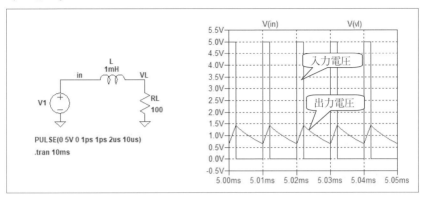

〔図 2-11〕 $\frac{\tau}{T}=1$、duty=0.2 の時の入出力電圧

〔表 2-2 抜粋〕デューティに対する最大電圧値 V_{N2} と最小電圧値 V_{N1}

$\frac{\tau}{T}$	d								
	0.1	0.2	0.3	0.4	0.5	0.6	0.7	0.8	0.9
1	1.505	1.434	1.367	1.304	1.245	1.190	1.138	1.089	1.043
	0.612	0.644	0.679	0.716	0.755	0.797	0.843	0.892	0.944

各行は整流出力電圧を示し、上段は最大値 V_{N2}、下段は最小値 V_{N1} のそれぞれを示す

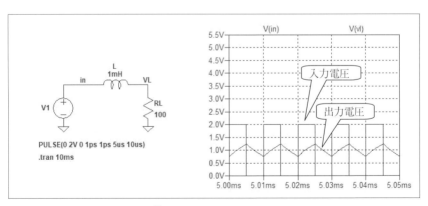

〔図 2-12〕 $\frac{\tau}{T}=1$、duty=0.5 の時の入出力電圧

□2. 整流

〔表 2-2 抜粋〕デューティに対する最大電圧値 V_{N2} と最小電圧値 V_{N1}

$\dfrac{\tau}{T}$	d								
	0.1	0.2	0.3	0.4	0.5	0.6	0.7	0.8	0.9
1	1.505	1.434	1.367	1.304	1.245	1.190	1.138	1.089	1.043
	0.612	0.644	0.679	0.716	0.755	0.797	0.843	0.892	0.944

各行は整流出力電圧を示し、上段は最大値 V_{N2}、下段は最小値 V_{N1} のそれぞれを示す

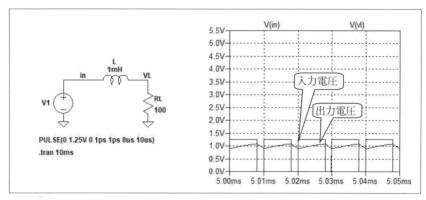

〔図 2-13〕 $\dfrac{\tau}{T}=1$、duty=0.8 の時の入出力電圧

〔表 2-2 抜粋〕デューティに対する最大電圧値 V_{N2} と最小電圧値 V_{N1}

$\dfrac{\tau}{T}$	d								
	0.1	0.2	0.3	0.4	0.5	0.6	0.7	0.8	0.9
1	1.505	1.434	1.367	1.304	1.245	1.190	1.138	1.089	1.043
	0.612	0.644	0.679	0.716	0.755	0.797	0.843	0.892	0.944

各行は整流出力電圧を示し、上段は最大値 V_{N2}、下段は最小値 V_{N1} のそれぞれを示す

表の数値を見ていても直感的には理解しにくいのでグラフにしてみましょう。いずれも横軸はデューティ d、縦軸は正規化した出力電圧です。

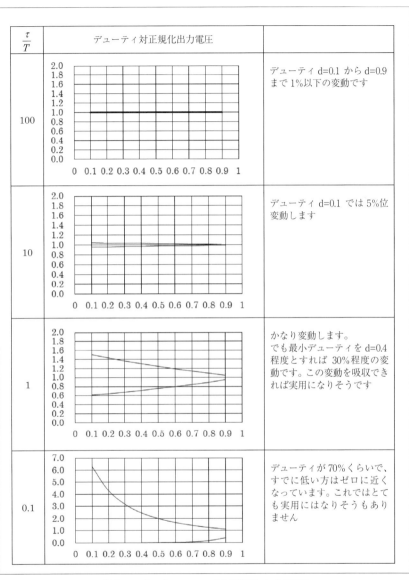

〔図2-14〕デューティ対正規化出力電圧

先に示したシミュレーションの結果、またグラフでの考察から、整流

□2. 整流

回路の時定数とスイッチング周波数の比が1までは、何か均す手段を足すとして実用になりそうです。$\frac{\tau}{T} = 1000$ 、として1Hのインダクタが必要だとすれば、$\frac{\tau}{T} = 1$、なら1mHと格段に小さなもので済むわけです。

　ここまでは整流出力の最大電圧と最小電圧で論じてきました。
　電源設計の観点からは、出力の直流電圧値と残存する交流分、つまりリップルで表現するのが便利です。先に示した表から直流電圧値とリップルを求めてみましょう。

　直流電圧値は、最大電圧と最小電圧の中央値で求めます。次表のとおりです。

〔表2-3〕デューティに対する正規化した出力電圧・・$\frac{V_{N1}+V_{N2}}{2}$

$\frac{\tau}{T}$	d								
	0.1	0.2	0.3	0.4	0.5	0.6	0.7	0.8	0.9
1000	1	1	1	1	1	1	1	1	1
300	1	1	1	1	1	1	1	1	1
100	1	1	1	1	1	1	1	1	1
30	1	1	1	1	1	1	1	1	1
10	1.001	1	1	1	1	1	1	1	1
3	1.007	1.004	1.003	1.001	1	0.999	0.999	0.999	0.999
1	1.059	1.039	1.023	1.010	1	0.994	0.990	0.990	0.993
0.3	1.543	1.349	1.198	1.084	1	0.944	0.915	0.913	0.940
0.1	3.161	2.162	1.585	1.230	1	0.847	0.749	0.709	0.760

　単純にピーク値の中央値で求めていますから、$\frac{\tau}{T}$ の如何に関わらずデューティが0.5では望みどおりの電圧1になります。

$\frac{\tau}{T} = 3$ のケースを見てみましょう。最小デューティを0.4以上とすれば電圧誤差は0.001、つまり0.1%の範囲に入ります。$\frac{\tau}{T} = 1$ のケースで最小デューティを0.4以上とすれば電圧誤差は0.01、つまり1%の範囲に入ります。
　これから整流回路の時定数 τ がスイッチング周期 T に対して極端に

- 32 -

大きくなくても実用になることが分かります。

$\dfrac{\tau}{T}<1$ の場合は、デューティの変化に対する電圧変化が大きくレギュレーションを保つのが難しいことが分かります。従って時定数 τ の下限はスイッチング周期と等しい程度でしょう。

　整流用のインダクタは極力小さくしたいのですから、整流回路の時定数は小さい方を使います。そこで実用を考えて $\dfrac{\tau}{T}$ が小さい時のデータを計算しておきましょう。

〔表2-4〕デューティに対する正規化した出力電圧・・ $\dfrac{V_{N1}+V_{N2}}{2}$

$\dfrac{\tau}{T}$	d								
	0.1	0.2	0.3	0.4	0.5	0.6	0.7	0.8	0.9
10	1.001	1	1	1	1	1	1	1	1
9	1.001	1	1	1	1	1	1	1	1
8	1.001	1.001	1	1	1	1	1	1	1
7	1.001	1.001	1	1	1	1	1	1	1
6	1.002	1.001	1.001	1	1	1	1	1	1
5	1.002	1.002	1.001	1	1	1	1	1	1
4	1.004	1.002	1.001	1.001	1	1	0.999	0.999	1
3	1.007	1.004	1.003	1.001	1	0.999	0.999	0.999	0.999
2	1.015	1.010	1.006	1.002	1	0.998	0.998	0.998	0.998
1	1.059	1.039	1.023	1.010	1	0.994	0.990	0.990	0.993

　グラフにしてみます。横軸はデューティです。
　上表でも分かるように $\dfrac{\tau}{T}>5$ では出力電圧が1に限りなく近づいているので、グラフでは線が重なってしまいます。というわけで $\dfrac{\tau}{T}$ が8以上は表示を省略します。

□2. 整流

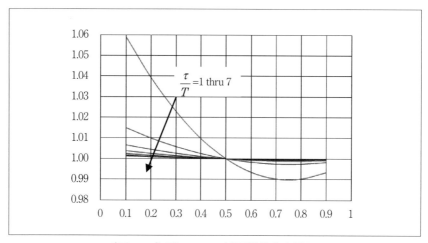

〔図2-15〕デューティ対正規化出力電圧

$\frac{\tau}{T}=1$ の場合、際立って悪く見えますが、これはグラフの縦軸の数値の取り方のせいで、デューティが0.4以上では1%以下と、そんなに悪くはないのです。見た感じでは $\frac{\tau}{T}=2$ 以上くらいが良さそうには見えます。

　ところで、このグラフは何を表しているのでしょう。デューティに対する出力電圧なのですが、デューティは、入力電圧に反比例するよう制御されるということを思い出してください。デューティの逆数は電源電圧を表しています。つまり、このグラフは負荷電流が一定の場合の、入力電圧に対する二次出力電圧の安定度、すなわちライン・レギュレーションを示しているのです。

　ここで横軸を $\frac{\tau}{T}$ にとってグラフ化してみましょう。デューティが0.6と0.9、0.7と0.8はそれぞれ重なっています。

- 34 -

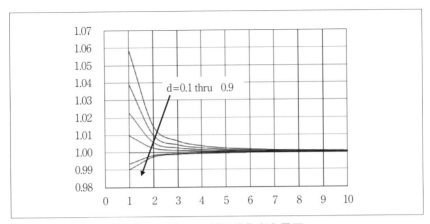

〔図2-16〕τ/T 対正規化出力電圧

　このグラフはデューティが一定、つまり一次電源電圧が一定の場合の、負荷電流の変動に対してどれだけ出力電圧が変動するかという、ロード・レギュレーション、を示しています。

　整流時定数 τ は、インダクタンス L を負荷抵抗 R_L で割ったものでした。つまり負荷電流の逆数ですから、$\frac{\tau}{T}$ が大きいということは負荷電流が大きいことを意味しています。$\frac{\tau}{T}$ が小さくなるにつれて整流特性は悪化してきて出力電圧も大きく変動するようになります。

　このグラフから理解されるように、デューティは極力大きい範囲で使うようにします。一次電源電圧が 20V から 40V と二倍の変化であれば、デューティは 0.8 から 0.4 とか 09 から 0.45 というように設定します。

　リップル電圧は、最大電圧と最小電圧の差、ピーク・ツー・ピーク電圧で求めます。

□2. 整流

〔表2-5〕デューティに対する正規化したリップル電圧・・$V_{N2} - V_{N1}$

$\dfrac{\tau}{T}$	\multicolumn{9}{c}{d}
	0.1	0.2	0.3	0.4	0.5	0.6	0.7	0.8	0.9
10	0.090	0.080	0.070	0.060	0.050	0.040	0.030	0.020	0.010
9	0.100	0.089	0.078	0.067	0.056	0.044	0.033	0.022	0.011
8	0.112	0.100	0.087	0.075	0.062	0.050	0.037	0.025	0.012
7	0.129	0.114	0.100	0.086	0.071	0.057	0.043	0.029	0.014
6	0.150	0.133	0.117	0.100	0.083	0.067	0.050	0.033	0.017
5	0.180	0.160	0.140	0.120	0.100	0.080	0.060	0.040	0.020
4	0.225	0.200	0.175	0.150	0.125	0.100	0.075	0.050	0.025
3	0.300	0.266	0.233	0.200	0.166	0.133	0.100	0.067	0.033
2	0.449	0.399	0.348	0.299	0.249	0.199	0.149	0.100	0.050
1	0.893	0.790	0.688	0.588	0.490	0.392	0.295	0.197	0.099

グラフにしてみます。

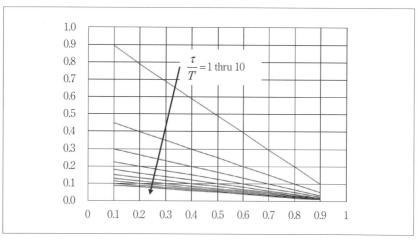

〔図2-17〕デューティ対正規化リップル電圧

　デューティが小さくなるほどリップルが大きくなっています。一次電源電圧が高くなり、デューティが狭まって波形が鋭くなってくるのですから容易に理解できます。

　出力電圧の時と同様に、リップルも対$\dfrac{\tau}{T}$でグラフ化してみましょう。

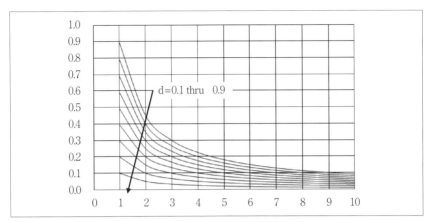

〔図2-18〕τ/T 対正規化リップル電圧

$\frac{\tau}{T}$ が小さい、つまり負荷電流が小さくなると急激にリップルが増加するのが分かります。チョーク・インプット型整流回路の特徴がよく表れています。

2.5 キャパシタの追加

　PWM DCDC コンバータでは平均化が必須であること、平均化には整流の充電の時定数と放電の時定数が等しいことが必要、その条件を満たす整流回路はチョーク・インプットでした。一方整流回路の時定数はスイッチングの周期より大きければ良く、スイッチング周期と等しくても実用になることが分かりました。

　残る問題は出力のリップルを如何に抑えられるかです。無論インダクタを大きくし負荷電流が大きければ条件を満たすのですが、大きなインダクタを用意するのは大変ですし、負荷電流を大きくするために大負荷のブリーダ抵抗を用意するのも電力の無駄遣いです。

　そこで、平均化の条件を満たすためにチョーク・インプットは必要なのですが、残存するリップルの軽減を目的としてキャパシタを組み合わ

□2. 整流

せることを考えます。

出力にキャパシタを追加します。

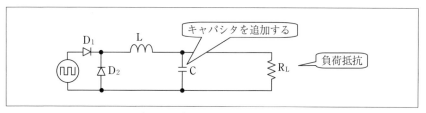

〔図2-19〕キャパシタを追加

　キャパシタ・インプットの説明の項で論じた際に入力抵抗としていた部分がインダクタになっていますが、これは紛れもなくキャパシタ・インプットの形です。

　インダクタのスイッチング周波数fにおけるリアクタンス X_L は次式で表されます。

$$X_L = 2\pi f \cdot L$$

チョーク・インプット回路の時定数 τ は、$\tau = \dfrac{L}{R_L}$、ですから、$L = \tau \cdot R_L$、です。スイッチングの周波数fはスイッチング周期の逆数ですから、$f = \dfrac{1}{T}$、です。

　これらを上記の X_L の式に代入すると次が得られます。

$$X_L = 2\pi \cdot \dfrac{\tau}{T} \cdot R_L$$

つまり、キャパシタ・インプットの入力抵抗に相当する部分がチョーク・コイルで、リアクタンス X_L は負荷抵抗 R_L の、$2\pi \cdot \dfrac{\tau}{T}$、倍になります。

　たとえば、チョーク・インプットの時定数 τ とスイッチング周期Tとが等しい場合は、抵抗に換算して約 $6R_L$ がキャパシタ・インプットの入力抵抗相当になります。

　キャパシタ・インプット回路の充電の時定数 τ_1 と放電の時定数 τ_2 は

それぞれ次で表されます。X_L はチョーク・コイルのリアクタンスです。

$$\tau_1 = C \bullet (R_L \| X_L) = C \bullet \cfrac{1}{\cfrac{1}{R_L} + \cfrac{1}{X_L}} = C \bullet \cfrac{R_L}{1 + \cfrac{R_L}{X_L}}$$

$$\tau_2 = C \bullet R_L$$

τ_1 の式に、 $X_L = 2\pi \bullet \cfrac{\tau}{T} \bullet R_L$ 、の関係を代入してみます。

$$\tau_1 = C \bullet \cfrac{R_L}{1 + \cfrac{R_L}{X_L}} = C \bullet \cfrac{R_L}{1 + \cfrac{R_L}{2\pi \bullet \cfrac{\tau}{T} \bullet R_L}} = C \bullet \cfrac{R_L}{1 + \cfrac{1}{2\pi \bullet \cfrac{\tau}{T}}}$$

したがって充電の時定数を決める抵抗 Rc は等価的に次となります。

$$Rc = \cfrac{R_L}{1 + \cfrac{1}{2\pi \bullet \cfrac{\tau}{T}}}$$

ここでチョーク・インプットの時定数 τ とスイッチング周期 T とを等しく、つまり $\tau = T$ とします。充電の時定数を決める抵抗 Rc は、

$$Rc = \cfrac{R_L}{1 + \cfrac{1}{2\pi \bullet \cfrac{\tau}{T}}} = \cfrac{R_L}{1 + \cfrac{1}{2\pi}} = 0.86 R_L$$

となりますから、充電時の時定数と放電時の時定数の比は 0.86 と、ほぼ 1 に等しくなり整流の目的を達します。

ここで $\cfrac{\tau}{T}$ が大きければ、キャパシタ・インプットの充電の時定数を決める抵抗 Rc の値は R_L に近づき、整流の条件に合致します。

$\cfrac{\tau}{T}$ が小さくなれば、チョーク・インプットとしての品位も落ちますが、同時にキャパシタ・インプットの入力抵抗も小さくなりキャパシタが平均化に対して有効に働かなくなることが理解できます。

お断りしておかなければなりませんが、インダクタ、抵抗それにキャパシタの組み合わせ回路に交流を加えるのですから交流理論に従って解

- 39 -

□2. 整流

くのが本来ですが、本書では、簡単かつ直感的に理解しやすいのを第一として、インダクタあるいはキャパシタのリアクタンスの絶対値を使い、位相を無視し抵抗と同等に扱います。

　キャパシタの値の決定法は後に回すとして、まずはシミュレーションで効果を見てみます。

　15V、100mA 出力、スイッチング周波数は 100kHz、つまり周期は 10us とします。

　15V、100mA 出力の等価負荷抵抗は、$\dfrac{15V}{100mA}=150\Omega$ 、です。

　整流回路の時定数をスイッチング周期と等しく採るとします。必要なインダクタは、$\dfrac{L}{R}=10us$ 、で、R_L=150Ω として、1.5mH です。

　キャパシタの値は当てずっぽうで 3uF とします。

　デューティ 40% の場合をシミュレートします。入力電圧は 15V にダイオードの電圧降下 0.783V を加えた上でデューティ 40% 時の電圧値に換算します。シミュレーションで使ったダイオードは電圧降下が大きく 0.783V もあったので一次電源電圧は、$E=\dfrac{15V+0.783V}{0.4}=39.458V$ 、としています。

　インダクタのみの場合は次のとおりです。

－ 40 －

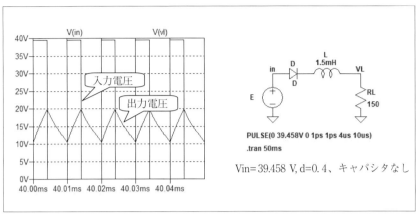

〔図 2-20〕duty=0.4、キャパシタなしの時の出力電圧

整流回路の時定数とスイッチング周期、の項のリップル表の、$\frac{\tau}{T}=1$、の部分を再掲します。

〔表 2-5 抜粋〕デューティに対する正規化したリップル電圧・・$V_{N2}-V_{N1}$

$\frac{\tau}{T}$	d								
	0.1	0.2	0.3	0.4	0.5	0.6	0.7	0.8	0.9
1	0.893	0.790	0.688	0.588	0.490	0.392	0.295	0.197	0.099

デューティ 0.4 の場合のリップル、$V_{N2}-V_{N1}$ の値を用いて計算した振幅値は、$Vpp=0.588\times15V=8.82V$、ですが、そのとおりの結果です。

出力に 3uF のキャパシタを挿入してみます。

□2. 整流

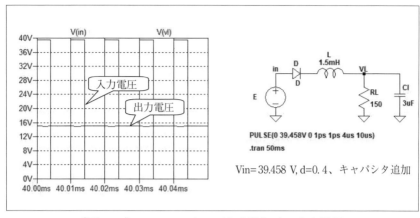

〔図2-21〕duty=0.4、キャパシタ追加時の出力電圧

リップルが抑制されて目的とする15Vの直流電圧が綺麗に得られます。

必要なキャパシタ容量は次のようにして決めます。

Step1 チョーク・インプットの時定数を決めます。
Step2 最小デューティでのリップル値を求めます。これは、整流回路の時定数とスイッチング周期、で計算した表を使って求めます。
Step3 リップル要求値を決めます。
Step4 交流に対する負荷抵抗値を、負荷抵抗にリップル要求値を最小デューティでのリップル値で割った値を掛けたもので求めます。
Step5 キャパシタのスイッチング周波数におけるリアクタンスが交流負荷値になるようにキャパシタの容量を決めます。

この考え方は、リップル分が電流駆動だと考え負荷抵抗には電流に比例する電圧が生ずるとの前提によります。したがって目標とするリップル値に抑え込むには同じ交流電流源からみた等価負荷抵抗を下げるという考えです。厳密には交流ですから位相を組み入れて考えるべきもので

すが簡易な方法を採ります。

　先のシミュレーション例題の、負荷出力が 15V、100mA の場合を例にとります。

　最小デューティは 0.4、スイッチング周波数は 100kHz とします。

　チョーク・インプットの時定数はスイッチング周期と同じとします。つまり、$\frac{\tau}{T}=1$、です。等価負荷抵抗は 150Ω、必要なインダクタは 1.5mH でした。

　最小デューティ 0.4 でのリップル値を求めます。整流回路の時定数とスイッチング周期の表の、$\frac{\tau}{T}=1$、d=0.4 の $V_{N2}-V_{N1}$ を読み取り 0.558 を得ます。これは正規化された値ですから出力電圧をかけてリップルの両振幅値、$0.588 \times 15V = 8.82V$、を得ます。

　リップル要求は、両振幅で 50mV とします。

　等価負荷抵抗は 150Ω でした。交流に対する負荷抵抗値は、$150Ω \times \frac{50mV}{8.82V} = 0.850Ω$　、とします。

　これから必要とするキャパシタの容量は、

$$C = \frac{1}{2 \bullet \pi \bullet f \bullet Xc} = \frac{1}{2 \bullet \pi \bullet 100kHz \bullet 0.850Ω} = 1.87uF$$

と求められます。

　キャパシタ容量は意外と小さい値です。

　シミュレートしてみます。

□2. 整流

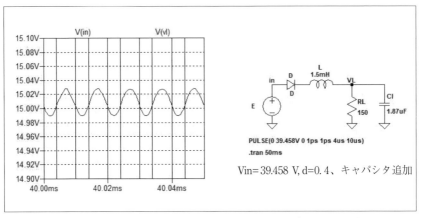

〔図2-22〕キャパシタ追加時の出力リップル電圧

　整流回路の時定数とスイッチング周期で求めたリップルは、とがった波形のピーク・ツー・ピーク値でした。キャパシタを入れて均すと交流の高域成分が消えて正弦波に近くなりますから、表のピーク・ツー・ピーク値よりは小さくはなりますが、目論見通りにはなっています。
　電源の二次側というとドカンと大きなキャパシタを入れてあるのをよく見るので、こんな小さい値で大丈夫かと思われるかもしれませんが、実際にこの程度で足りるのです。

　リップル抑制という観点でキャパシタを扱いましたが、実はキャパシタには大切な役割があります。

　トランスから出力されるのはパルス状の交流です。この電流パスはどこにあるのでしょう。チョーク・インプット回路は、ダイオード、インダクタそして等価抵抗で表される負荷の直列接続です。このパスが直流のパスと同時に交流のパスになっています。ということは、スイッチングされた交流電流が負荷を流れるということです。現実の負荷は多くの回路の複合体ですから、電源の交流分がどこをどう流れるかは分かりません。あちこちに交流電流が流れることになります。

− 44 −

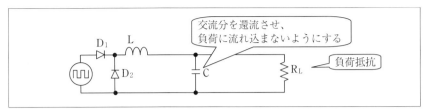

〔図2-23〕交流還流経路としてのキャパシタ

　チョーク・インプット回路の出力にキャパシタを足すことで、交流のパスができます。トランスから出てくる交流はインダクタを通った後、リアクタンスの小さいキャパシタを通ってトランスへと還流します。このおかげで負荷に交流分を流さずに済むのです。

2.6　サージの吸収

　PWMの整流にはチョーク・インプットが必須でしたが、チョーク・インプットには、負荷電流の急激な変動に合わせて電圧変動が生ずるという問題があります。

　負荷が減少する場合は等価負荷抵抗が増大し系の時定数は小さくなるので過電圧が継続する時間は短くて済みますし、現実には損失もあるので計算通りの大きな電圧には必ずしもなりませんが、高電圧が生ずるのは確かなので手立てが必要です。

　インダクタが発生するサージ電圧はキャパシタで吸収します。インダクタの電流エネルギーを電荷の形でキャパシタに吸収する、あるいはキャパシタが抱えている電荷を負荷に供給するのです。

2. 整流

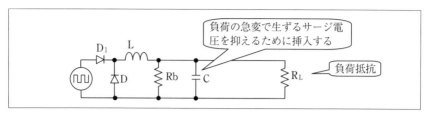

〔図2-24〕サージ電圧吸収のためのキャパシタ

インダクタンスLのインダクタにIの電流が流れているとき、インダクタの持つエネルギー e_L は、$e_L = \frac{1}{2} \cdot LI^2$、です。

キャパシタンスCのキャパシタにVの電圧が加わったときのキャパシタの持つエネルギー、e_c、は、$e_C = \frac{1}{2} \cdot CV^2$、です。

インダクタに流れる電流が I_1 から I_2 に減少したときインダクタの放出するエネルギーは前後のエネルギーの差分で表されます。

$$\Delta e_L = \frac{1}{2} \cdot LI_1^2 - \frac{1}{2} \cdot LI_2^2 = \frac{1}{2} \cdot L\left(I_1^2 - I_2^2\right)$$

同様に、キャパシタがエネルギーを吸収して、電圧が V_1 から V_2 に変化したとします。このときキャパシタが吸収するエネルギーも前後の差分で表されます。

$$\Delta e_C = \frac{1}{2} \cdot CV_2^2 - \frac{1}{2} \cdot CV_1^2 = \frac{1}{2} \cdot C\left(V_2^2 - V_1^2\right)$$

インダクタが放出するエネルギーとキャパシタで吸収するエネルギーを等しくするので、

$$\frac{1}{2} \cdot L\left(I_1^2 - I_2^2\right) = \frac{1}{2} \cdot C\left(V_2^2 - V_1^2\right)$$

です。
これから必要とするキャパシタの値は次で求められます。

$$C = L \cdot \frac{I_1^2 - I_2^2}{V_2^2 - V_1^2}$$

出力電圧が 10V、定常時の負荷電流を 100mA とします。インダクタンスは 2mH とします。負荷が 10mA まで減った場合でも負荷端の電圧を 12V 以下に抑えたいとします。つまり電圧増加分は 2V に抑えるとします。必要なキャパシタの容量は、

$$C = 2mH \times \frac{100mA^2 - 10mA^2}{12V^2 - 10V^2} = 0.002H \times \frac{0.1A^2 - 0.01A^2}{12V^2 - 10V^2} = 0.45uF$$

です。

　0.5V の増加に留めたければ、

$$C = 2mH \times \frac{100mA^2 - 10mA^2}{10.5V^2 - 10V^2} = 0.002H \times \frac{0.1A^2 - 0.01A^2}{10.5V^2 - 10V^2} = 1.93uF$$

ですから 2uF を用意すればよいということです。

　整流用キャパシタの値がこれを超えているならキャパシタを追加する必要はありませんが、下回る場合はキャパシタの値を増やします。

　サージはインダクタが抱えるエネルギー量で定まりますから不要に大きなインダクタを使わないことです。キャパシタの値が大きければ、リップル抑制の面でも過渡電圧吸収の面でも有利ですが、電源の立ち上がり時、立下り時にインダクタとの共振による振動電流が大きく長く継続するようになり、過渡特性が悪化します。したがって、必要最低限の値に留めるようにします。つまり、整流回路に使用するインダクタとキャパシタは電圧変動とリップル、そしてサージ条件を満足するに足る大きさに留め、不要に大きな値のものを使わないようにしなければなりません。

　負荷電流の変動範囲が狭ければサージも小さくて済みます。このためにはブリーダ抵抗を小さくして最小電流を大きくします。ただ無制限に大きくすれば電流変動は減るものの損失が増えますから、整流の品位が保てる範囲に留めます。ブリーダ電流のさじ加減は PWM 電源設計の面白さです。

□2. 整流

２．７　整流回路の設計

整流回路について考察してきました。

設計の手順は次のとおりです。

Step1 使用するデューティ d の範囲を設定する。

Step2 次表から、使用するデューティの範囲で電圧の変動が所望の範囲に入っている $\dfrac{\tau}{T}$ を求める。

〔表2-4再掲〕デューティに対する正規化した出力電圧・・ $\dfrac{V_{N1}+V_{N2}}{2}$

$\dfrac{\tau}{T}$	d								
	0.1	0.2	0.3	0.4	0.5	0.6	0.7	0.8	0.9
10	1.001	1	1	1	1	1	1	1	1
9	1.001	1	1	1	1	1	1	1	1
8	1.001	1.001	1	1	1	1	1	1	1
7	1.001	1.001	1	1	1	1	1	1	1
6	1.002	1.001	1.001	1	1	1	1	1	1
5	1.002	1.002	1.001	1	1	1	1	1	1
4	1.004	1.002	1.001	1.001	1	1	0.999	0.999	1
3	1.007	1.004	1.003	1.001	1	0.999	0.999	0.999	0.999
2	1.015	1.010	1.006	1.002	1	0.998	0.998	0.998	0.998
1	1.059	1.039	1.023	1.010	1	0.994	0.990	0.990	0.993

Step3 スイッチング周期 T を用いて整流回路の時定数 τ を求める。

スイッチング周期は一次系の章で触れます。ここでは与えられたものと考えてください。

Step4 負荷の等価抵抗値と整流回路の時定数 τ とから必要なインダクタンス L を求める。

Step5 次表から、最小負荷時のリップルの振幅を求める。

- 48 -

〔表 2-5 再掲〕デューティに対する正規化したリップル電圧・・$V_{N2}-V_{N1}$

$\dfrac{\tau}{T}$	d								
	0.1	0.2	0.3	0.4	0.5	0.6	0.7	0.8	0.9
10	0.090	0.080	0.070	0.060	0.050	0.040	0.030	0.020	0.010
9	0.100	0.089	0.078	0.067	0.056	0.044	0.033	0.022	0.011
8	0.112	0.100	0.087	0.075	0.062	0.050	0.037	0.025	0.012
7	0.129	0.114	0.100	0.086	0.071	0.057	0.043	0.029	0.014
6	0.150	0.133	0.117	0.100	0.083	0.067	0.050	0.033	0.017
5	0.180	0.160	0.140	0.120	0.100	0.080	0.060	0.040	0.020
4	0.225	0.200	0.175	0.150	0.125	0.100	0.075	0.050	0.025
3	0.300	0.266	0.233	0.200	0.166	0.133	0.100	0.067	0.033
2	0.449	0.399	0.348	0.299	0.249	0.199	0.149	0.100	0.050
1	0.893	0.790	0.688	0.588	0.490	0.392	0.295	0.197	0.099

Step6 リップルの目標振幅値を設定する。

Step7 リップルの目標値とリップルの振幅値の比を用い負荷抵抗から
並列に挿入するキャパシタのリアクタンスを求める。

Step8 スイッチング周波数を用いてキャパシタの値を求める。

Step9 負荷減少時の許容電圧を決める。

Step10 サージ電圧吸収に必要なキャパシタの容量を求める。

Step11 実現可能性を点検する。

Step12 要すれば、$\dfrac{\tau}{T}$ を再設定、あるいはブリーダ電流を変更して
Step3 から Step11 を繰り返す。

例に沿って進めましょう。

Step1 デューティの範囲の設定

一次電源電圧の範囲を 20V から 40V とします。一次電源電圧の変化
は 2 倍です。最低電圧 20V の場合にデューティが 0.8 になるように設定
すれば、最高電圧 40V の場合のデューティは 0.4 となります。デューテ
ィの範囲を 0.8 から 0.4 とします。

－ 49 －

□2. 整流

Step2 $\dfrac{\tau}{T}$ の設定

電圧変動は少なくとも 1% 以下であることとします。

〔表 2-4 抜粋〕デューティに対する正規化した出力電圧・・ $\dfrac{V_{N1}+V_{N2}}{2}$

$\dfrac{\tau}{T}$	d								
	0.1	0.2	0.3	0.4	0.5	0.6	0.7	0.8	0.9
2	1.015	1.010	1.006	1.002	1	0.998	0.998	0.998	0.998
1	1.059	1.039	1.023	1.010	1	0.994	0.990	0.990	0.993

$\dfrac{\tau}{T}=1$ だと、デューティが 0.4 の時には 1.010 と 1% 変動します。

$\dfrac{\tau}{T}=2$ なら、デューティが 0.4 から 0.8 の範囲で 0.2% の誤差ですから、
少し上を狙って $\dfrac{\tau}{T}=2$ とします。

Step3 系の時定数 τ の決定

コンバータのスイッチング周波数は 100kHz とします。スイッチング
周期 T は 10us ですから、$\tau = T \times \left(\dfrac{\tau}{T} \right) = 10us \times 2 = 20us$ 、です。

Step4 インダクタンス L の決定

必要な出力は直流 10V、負荷電流は 10mA から 100mA とします。負
荷電流の変化が 10 倍もあるので、電源にブリーダ抵抗を用意し 10mA
をブリーダ抵抗に流すことにします。

ブリーダ抵抗値は、$Rb = \dfrac{10V}{10mA} = 1k\Omega$ 、です。

負荷が最少の時はブリーダ抵抗負荷とあわせて 20mA ですから等価負
荷抵抗は、$\mathrm{Re}\,q = \dfrac{10V}{20mA} = 500\Omega$ 、です。

したがって必要なインダクタンスは、$L = \tau \times \mathrm{Re}q = 10us \times 500\Omega = 5mH$、
です。

− 50 −

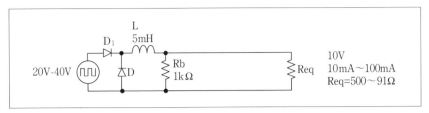

〔図2-25〕インダクタとブリーダ抵抗を決定

Step5 リップルの振幅

$\dfrac{\tau}{T}=2$ としました。

〔表2-5 抜粋〕デューティに対する正規化したリップル電圧・・$V_{N2}-V_{N1}$

	\multicolumn{9}{c}{d}
	0.1	0.2	0.3	0.4	0.5	0.6	0.7	0.8	0.9
2	0.449	0.399	0.348	0.299	0.249	0.199	0.149	0.100	0.050

表から、デューティが0.4のときの正規化したリップル電圧は0.299ですから、電圧値に直すと、$0.299 \times 10V = 2.99V$、です。

Step6 リップルの目標振幅値の設定

両振幅で10mVとします。

Step7 キャパシタのリアクタンスの決定

リップルの振幅値は2.99V、目標値は10mVです。

したがって負荷のリアクタンスを、$Xc = \dfrac{10mV}{2.99V} \times 500\Omega = 1.67\Omega$ 、に設定します。

Step8 キャパシタの値の決定

スイッチング周波数fは100kHzです。必要なリアクタンスXcは1.67Ωでした。

キャパシタCの値は、

□2. 整流

$$C = \frac{1}{2\pi f Xc} = \frac{1}{2 \times 3.14 \times 100\,kHz \times 1.67\,\Omega} = 953 \times 10^{-9} F \rightarrow 1uF \quad 、です。$$

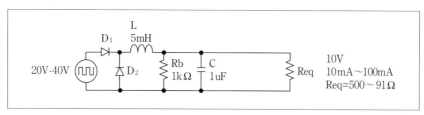

〔図 2-26〕キャパシタの値を決定

Step9 負荷減少時の許容電圧の設定
　負荷電流が 100mA から 10mA に減少した時の電圧上昇を 1V、つまり 11V に抑えるとします。

Step10 サージ電圧吸収に必要なキャパシタの容量
　負荷電流 100mA 時のインダクタの電流は 110mA、負荷電流 10mA のときのインダクタの電流は 20mA。したがって負荷変動は 90mA です。

$$C = L \cdot \frac{I_1^2 - I_2^2}{V_2^2 - V_1^2} = 5mH \times \frac{110mA^2 - 20mA^2}{11V^2 - 10V^2}$$
$$= 2.78uF \rightarrow 2.7uF\,(E12系列)$$

普通に整流回路で見かけるキャパシタの値は結構大きいので、それと比べてみると驚くことはないのですが、先に求めたリップル抑制用の値と比べると大きい値です。

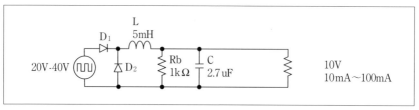

〔図 2-27〕キャパシタの値を修正

Step11 実現可能性を点検

出力点には高周波対策用にセラミック・キャパシタを追加します。

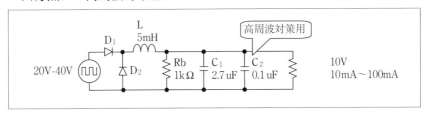

〔図2-28〕高周波対策を追加

実用上問題なさそうなので、これでおしまいにします。

インダクタが5mHと大きいのですが、ブリーダ抵抗を小さくして暗電流を増せば小さな値にすることができます。ただし代償として電源効率が下がります。

設計ステップは上記のとおりですが、設計は現物で確かめます。実機で得られた値が設計値どおりかを評価してください。リップルもしかりです。近似を使っていますからぴったり合うのは無理としてもおおよそ近い値になることを確かめます。リップルが非常に小さいからと喜んではいけません。数値が合わないのは設計ミスです。

2.8 おさらい

整流についておさらいします。

(1) PWM電源はエネルギーの平均化が鍵。
(2) 平均化のためには整流回路の充電と放電の時定数が等しくなければならない。
(3) 充電と放電の時定数が等しくないとライン・レギュレーションが悪化する。
(4) 充電と放電の時定数が等しい条件が成立する整流回路はチョーク・インプットである。

□2. 整流

(5) 負荷が軽くなるとリップル特性もロード・レギュレーションも悪化
する。

(6) 負荷電流ゼロでは整流が成立しない。

(7) 充放電の時定数はスイッチング周期と同程度以上あれば実用にな
る。

(8) チョーク・インプットを前提としてキャパシタ・インプットが実用
になる。

(9) キャパシタはスイッチングに伴う交流のバイパス回路になる。

(10) 負荷変動時の電圧サージはキャパシタで吸収する。

3.
二次系

PWM DCDC コンバータの二次系の基本回路構成は下図のとおりです。

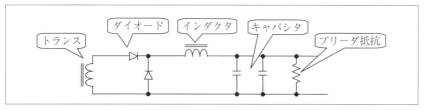

〔図3-1〕二次系の基本回路構成

3．1 整流回路

インダクタ、キャパシタそしてブリーダ抵抗が整流回路の構成要素です。ただし厳密には負荷も整流回路の一部です。つまり二次系の殆どが整流回路素子です。これらの要素の値は負荷によって決まります。詳細は整流の項を参照していただくとして、ごく大雑把には次の手順です。

Step1 負荷電流の変動範囲を勘案してブリーダ抵抗の値を決める。
Step2 最少負荷電流からインダクタの値を決める。
Step3 リップル要求に合わせてキャパシタの値を決める。
Step4 負荷変動で生ずるサージ電圧に合わせてキャパシタの値を調整する。

3．1．1 インダクタ

必要なインダクタンスが決まったら、それに合うインダクタを購入しても良いし、メーカーに発注して作って貰ってもよいのですが注意が要ります。

(1) 周波数特性

PWM 電源用として使えるインダクタは、色々なメーカーから売り出されています。この中から目的に合う物を探すのがひとつの手です。最近の高いスイッチング周波数、100kHz 台、を想定したものや比較的大電流での使用を想定したものが多く、大きなインダクタンスを持つ物は

□3. 二次系

あまりありません。したがって、入手しやすいインダクタを前提にスイッチング周波数あるいはスイッチング素子を選定し、要すればブリーダ抵抗を設定する必要があります。

インダクタのデータ・シートを見る場合、測定周波数に注意してください。測定周波数によってインダクタンスは変わります。重要なことは周波数が高域まで伸びていないものを高い周波数で使うと必要なインダクタンスが得られないだけではなく、コアの損失が増え、効率が落ち、インダクタが発熱する事態になります。スイッチング周波数をカバーしている測定周波数のものから選定するようにします。

タムラ製作所の製品を例にとります。

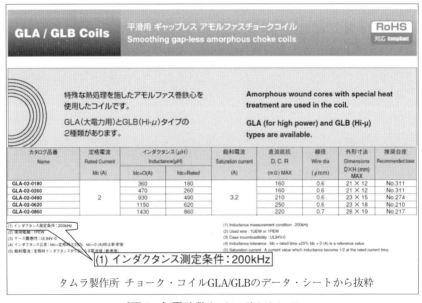

〔図3-2〕周波数とインダクタンス

表のすぐ下の注記 (1) を見てください。インダクタンス測定条件200kHzとあります。これならスイッチング周波数が200kHzでも所望の

- 58 -

インダクタンス値が得られます。

　厳密に言うと、インダクタンス測定は正弦波で行います。PWM電源が扱うのは方形波ですから、より高い周波数成分を含むので、スイッチング周波数より高い周波数で測定したデータがあれば、それに越したことはありません。スイッチング周波数の10倍くらいの高い周波数のデータがあれば安心です。

　注文製作する際は、方形波であることとスイッチング周波数を明示してやればメーカーの方で周波数特性を考慮しコア材を検討してくれます。

　インダクタンスの測定周波数はインダクタ選定の際の大切な条件なのですが、例に示したデータ・シートのように小さな文字で目立たなく書いてあることが多いのです。一方データ・シートの先頭には、高周波特性のよいxxコア使用、などと書かれていたりします。高周波といってもどのくらいの周波数を指すかはその言葉を使う側の勝手です。おまけにコア材毎に周波数帯は変わるはずなのに、どのシートにも、高周波特性のよいxxコア使用、と書かれたりします。ユーザーは得てして、高周波という文字を自分の使用周波数と勝手に解釈しがちです。カタログ先頭の文を見て選定し、後でよく見れば自分の設計周波数では使えないのが分かったりします。思い込みに陥らないよう注意してください。

□3. 二次系

<コラム>PWM 波形のフーリエ展開は次のとおりです。

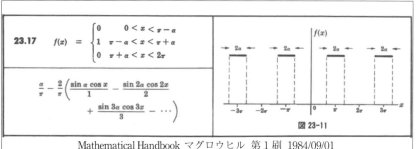

[図3-3] PWM 波形のフーリエ展開

　基本波の整数倍の高調波が含まれていることが分かります。また高調波の振幅が方形波の幅によって変化することが分かります。PWM の出力をスペクトラム・アナライザで見ながらデューティを変化させてみると、この関係が分かります。

(2) 直流電流

　インダクタには直流重畳の問題があります。直流が重畳すると直流分だけ磁束に偏りができ、交流分に有効に働く磁束が減ります。つまりインダクタンスが減少します。直流飽和してしまうともはやインダクタとしての効果は期待できず、たんなる導線と化してしまいます。したがって直流が重畳した場合のデータが必要です。

　タムラ製作所の製品を例にとりましょう。グラフが示されています。

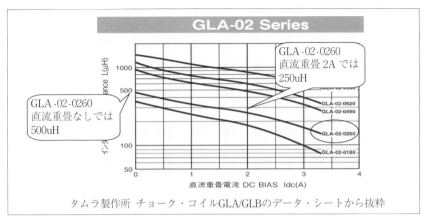

〔図3-4〕直流重畳とインダクタンス

　重畳する直流電流が増加するにつれてインダクタンスが減少するのがよく分かります。GLA-02の定格電流は2Aです。例えばGLA-02-0260を見て下さい。直流が重畳していなければ500uH弱のインダクタンスですが2Aではその半分の250uH程度しかありません。直流が重畳した状態でのインダクタンス値をデータ・シートで確かめるようにします。

　直流電流による飽和は定常運用では起きないものの、負荷に流れこむラッシュ電流で引き起こされることがあります。ラッシュ電流が推定できるなら、その電流でもインダクタンスを保証しているインダクタを使うのが安全です。キャパシタはラッシュ電流を大きくする要因です。このこともありますから、電源系に挿入するキャパシタは、必要最小限の値をきちんと把握し、それ以上の大きな値としないことが必要です。
　インダクタを注文製作する際は、ラッシュ電流についてメーカーと相談してください。

(3) コア材
　インダクタンスの周波数特性や直流重畳に対する耐性などの問題はコア材の性質で決まります。コア材により特性が異なりますのでメーカー

□3. 二次系

のデータ・シートを良く読んでください。注文生産する場合はサージ耐性も含めてメーカーに依頼すれば、仕様に合うコア材を選定してくれます。少々質量が大きくても良ければコアを大きくしておく手もありますが良い設計とは言えません。

インダクタには漏えい磁束の問題があります。漏れた磁束が他のインダクタあるいは回路要素に干渉するという問題です。最近の電源用のインダクタは大型を除けば殆どがリング状のコア（トロイダル・コアと呼んでいます）ですから余程感度の高いデリケートな回路でなければ実用上、磁束の漏れは殆ど考えなくても大丈夫です。

(4) 直流抵抗
インダクタの持つ直流抵抗はロード・レギュレーションを悪化させる要素です。銅線を巻きますから直流抵抗があります。低電流用のインダクタは高いインダクタンスを必要とするので細い電線をたくさん巻く結果どうしても抵抗が大きくなります。抵抗が大きくなるのを嫌うなら太い線を巻くしかありません。電圧降下を計算してロード・レギュレーションをどれだけに抑えるかの兼ね合いで決めることになります。このこともあるのでブリーダ抵抗で暗電流を流すことも考慮に入れてインダクタンスを極力必要最小限に留める工夫が必要です。

3.1.2 キャパシタ
キャパシタの選定には注意が必要です。周波数特性、温度に対する安定度、耐電圧等々。ここでは簡単にキャパシタの特性に触れますが、詳細はキャパシタ・メーカーのテクニカル・ノートを参照してください。キャパシタ・メーカーのウエブには、キャパシタの基礎知識、選定方法、使用方法等丁寧に解説されています。

(1) キャパシタの種類
キャパシタの容量 C は次の式で表されます。

- 62 -

$$C = \varepsilon_r \bullet \varepsilon_0 \bullet \frac{S}{d}$$

ε_r は比誘電率。物質ごとに決まります。

ε_0 は真空の誘電率です。値は、$8.854187\cdots\cdots\times10^{-12}$F/m。

S は極板の面積

d は極板間の距離

　式が表すとおり、大容量を得るには、比誘電率の大きな物質を用い、極板の面積を大きく、極版間の距離を小さくすれば良いのです。

　整流には 10uF などと比較的大きな容量が必要です。小型でこの程度の容量が簡単に得られるのが電解キャパシタです。アルミニウムを使ったものとタンタルを使ったものがあります。陽極表面をエッチングでざらざら面にした上で酸化膜を作ります。アルミニウムやタンタルの酸化膜は非常に薄く、かつ高電圧に耐えるという特性をもっています。エッチングにより極板の面積 S を大きくし、酸化膜の性質で極版間の距離 d を小さくできるので大容量が簡単に得られるのです。

　アルミニウム電解キャパシタは陽極にも陰極にもアルミニウムを用い、陽極の表面に酸化アルミニウム、Al_2O_3、の膜を作ります。陽極、電解紙、陰極、電解紙の順に重ねたものを巻き、電解液を注入します。アルミニウムは安価で加工しやすいので、低価格で大容量を必要とするところに使われます。温度特性や経時変化特性の点ではタンタル・キャパシタの方が優れています。

　タンタル電解キャパシタは、陽極にタンタル、陰極には二酸化マンガン、MnO_2、を使います。陽極表面に酸化タンタル、Ta_2O_5、の膜を作ります。広い温度範囲に亘り安定な特性を示すので、宇宙機器のような信頼性を要求する応用のみならず、携帯電話のような一般機器でも使われています。

□3. 二次系

松尾電機の資料から温度特性を引用します。

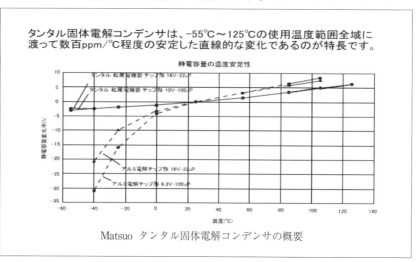

〔図3-5〕タンタル・キャパシタの温度特性

　タンタルの方がアルミニウムに比べて温度に対する変化が小さく優れていることが分かります。

　アルミニウム電解キャパシタ、タンタル電解キャパシタのいずれも電気分解の原理で電解液と極板に加わる電圧とで酸化膜を維持しているので加える電圧の向きが限定されます。有極性ですから逆電圧を加えると絶縁破壊を起こして短絡し、熱損失のために爆発することもあります。

　有極性ですが逆バイアスが加わっても即壊れてくれるとは限らないので要注意です。極性を間違えて取付けたら試験時に加わる逆電圧で壊れてくれればよいのですが、何も起こらないと間違いに気付かずそのまま出荷してしまいます。そして機器の運用中に突然電源が落ちるという大騒動を引き起こすことがあります。製造時に極性を間違えずに接続するよう注意すること、目視検査でしっかりと極性を確かめることが大切です。

最近セラミック・キャパシタで大容量のものが入手できるようになりました。誘電体は酸化チタン酸バリウムです。チタン酸バリウムの板の表面に電極をメッキしたものが単位のキャパシタです。これを重ねて並列に接続して大容量を得ます。セラミックとは焼き物のことで瀬戸物の仲間です。製造方法の工夫で薄くて多層のキャパシタを容易に作ることが出来るようになったので整流にも使える数 uF の大容量のものが市販されています。高周波特性が良いので高いスイッチング電源につきものの高い周波数成分を含むスパイク・ノイズの吸収にも有効です。ただセラミック・キャパシタにはピエゾ効果によりリップル分で音を発するシンギング・キャパシタという性質があるので要注意です。

(2) 周波数特性
　整流回路には電解キャパシタを使うのが普通です。一般機器であればアルミニウム電解キャパシタ、環境に厳しい機器であればタンタル電解キャパシタを使うことになりましょう。

　電解キャパシタは小型、大容量が特徴なのですが、残念なことに高周波特性はあまりよくありません。おおよそ 1MHz くらいが限界と考えてください。

□3. 二次系

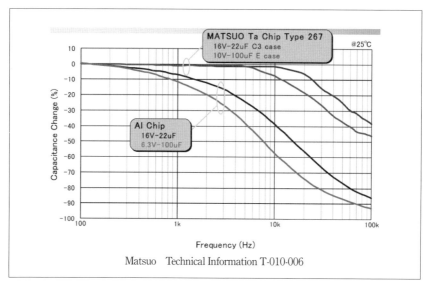

〔図3-6〕電解キャパシタの周波数特性

　タンタルはアルミニウムよりは良いものの100kHzでおおよそ公称容量の半分くらいしかありません。スイッチング電源の周波数は高いほどインダクタも小さくて済むので有利だと言いますが、逆にキャパシタの立場では容量が稼げないという問題があります。

　電解キャパシタの高周波特性は良くないので、整流回路に電解キャパシタを挿入しただけでは電源出力の高周波インピーダンスを低く抑えることはできません。高周波特性のよい小容量のキャパシタを並列に接続します。セラミック・キャパシタの0.1uF程度を入れればよいでしょう。過渡時の応答特性改善にも役立ちます。

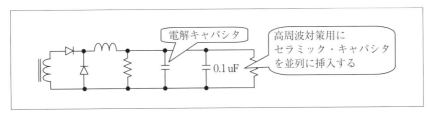

〔図 3-7〕キャパシタの高周波対策

(4) 耐電圧

　設計で意外と悩むのが耐電圧です。公称耐圧を適用するなら苦にならないのですが、ディレーティングを適用すると耐圧がぐっと下がります。ディレーティングとは信頼性を向上させるため、つまり故障率を下げるために、定格に対して何割かの係数を掛けた範囲で使うことです。キャパシタの場合は電圧に対してディレーティングをかけます。キャパシタはディレーティング・ファクタが大きいので、電源設計では苦労します。

　MIL-STD-975M Appendix A のキャパシタのディレーティング・ファクタを次に示します。

Type	Military Style	Voltage Deratiing Factor	Specification	Maximum Ambient Temperature
Ceramic	CCR	0.60	MIL-C-20	110℃
	CKS	0.60	MIL-C-123	110℃
	CKR	0.60	MIL-C-39014	110℃
	CDR	0.60	MIL-C-55681	110℃
Tantalum, wet slug	CLR79	0.60	MIL-C-39006/22	70℃
		0.40		110℃
	CLR81	0.60	MIL-C-39006/25	70℃
		0.40		110℃
Tantalum, solid	CSR	0.50	MIL-C-39003/1,2	70℃
		0.30		110℃
	CSS	0.50	MIL-C-39003/10	70℃
		0.30		110℃
	CWR	0.50	MIL-C-55365	70℃
		0.30		110℃

MIL-STD-975M Appendix A Standard Parts Derating

〔図 3-8〕キャパシタのディレーティング・ファクタ

□3. 二次系

タンタル・キャパシタは70℃と110℃でふたつの値が示されていますが、これは次のように70℃から110℃にかけて直線的にディレーティング・ファクタを変えることを意味しています。

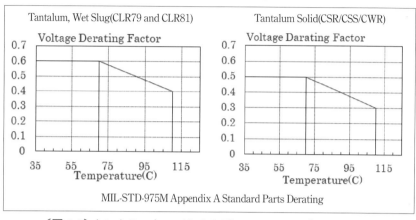

MIL-STD-975M Appendix A Standard Parts Derating

〔図3-9〕タンタル・キャパシタのディレーティング・ファクタ

常温25℃でも0.6とか0.5という大きなディレーティング係数です。
　機器の取付け部温度が最大55℃と規定されたとしましょう。機器内部の温度上昇が部品点で20℃あると仮定すると部品温度は75℃です。タンタル・キャパシタならディレートした最大の0.6あるいは0.5より低い電圧で使わなければならないのです。熱設計も絡むのですが結構難しいということは理解していただけるでしょう。

(5) 故障対策
　キャパシタは電極間に絶縁体を兼ねた薄い誘電体を挟んだ構造ですから、故障の殆どは短絡モードです。キャパシタは電源のホットとリターン間に挿入しますから、短絡故障は即大電流による損傷を意味します。短絡故障に備えるにはキャパシタを直列接続します。

　直列接続では合成容量は単独の場合の半分ですから必要な容量の倍のものが要ります。合成した耐圧は教科書では2倍になるのですが短絡に

備えてですから単体で必要な電圧に耐えるものでなければなりません。

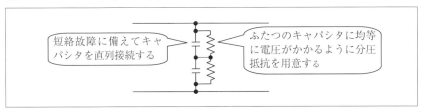

〔図 3-10〕キャパシタの短絡故障対策

　キャパシタには分圧抵抗を用意します。これは各々のキャパシタに均等に電圧がかかるようにするためのものです。およそ 100kΩ くらいと考えてください。電解キャパシタの場合は必須です。セラミック・キャパシタの場合は強いて用意しなくても大丈夫です。

　ひとつが短絡故障を起こしたとします。その時点からキャパシタの容量は倍になりますから、その状態でも回路が安定に動作するかを検討しておかなければなりません。意外と忘れられています。

　一次系に過電流シャット・ダウン回路を用意してあれば、外部に対しては保護されますから、二次系では敢えてキャパシタの直列接続を用意する必要はありません。

(6) 配置
　スイッチング周波数を 100kHz、キャパシタ容量が 10uF としましょう。キャパシタの 100kHz におけるリアクタンスは、

$$Xc = \frac{1}{2 \times \pi \times 100\,kHz \times 10\,uF} = 0.16\,\Omega$$

と小さな値ですからスイッチングの交流分は殆どがキャパシタを通して環流します。

　トランス、ダイオード、インダクタ、キャパシタそしてトランスの高

□3. 二次系

周波の環流ループは極力小さくなるように、そして配線の抵抗分やインダクタンス分が、このリアクタンスに比較して十分に小さくなるよう配置及び配線を考えてください。

(7) その他

他にもキャパシタには配慮すべき点があります。たとえば電解キャパシタは充放電の繰り返しの頻度が激しいと寿命に影響します。キャパシタ・メーカーの発行している技術資料を参照してください。

3.1.3 ブリーダ抵抗

分流した電流を消費するだけの役目です。抵抗は原理的に電流エネルギーを熱に変換する素子ですから、電力に対してディレーティングをかけます。

MIL-STD-975M Appendix A の抵抗のディレーティング・ファクタを次に示します。必要そうなものだけ抜粋しました。

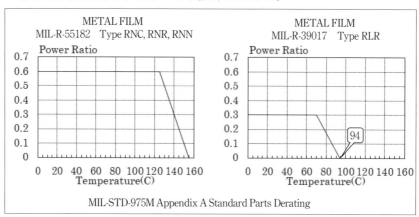

〔図3-11〕金属被膜抵抗器のディレーティング・ファクタ

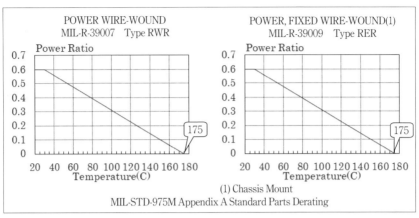

〔図 3-12〕巻線抵抗のディレーティング・ファクタ

巻線抵抗器、Power Wire-Wound、は常温から高温にかけてディレートを大きくしてゆかなければなりません。抵抗温度が100℃なら定格の30%までしか使えません。特に信頼性を向上させたいという場合だけの話では無く普通に使う巻線抵抗器も同じで、ディレートと同時に放熱対策も考えて下さい。真空中で使う宇宙機器のような場合、空気冷却は期待できず伝導しか熱の発散手段がなく伝熱パスの確保が必要です。

3.2 ダイオード回路

ダイオードの役目は、トランスから出力されるパルス状の交流を、
片極性の交流に整列することと、
直流の還流パスを確保すること、
です。

<コラム>ダイオードは整流しない

ものの本には交流を直流にするから整流回路というと書いてあります。交流を直流にするにはエネルギーの蓄積機能が必要ですがダイオードにはその機能はありません。したがってダイオード回路を整流回路と呼ぶのは、少なくとも整流の定義を、交流を直流にする、とした場合は間違いです。整流の機能はインダクタあるいはキャパシタが持っています。

□3. 二次系

3.2.1 ダイオード回路

基本的には三種です。

〔図3-13〕半波整流ダイオード回路

　スイッチング回路がシングル、つまり1ケのスイッチング素子で構成されている場合は、スイッチング素子がオンの場合だけ導通すればよいので、半波整流回路で十分です。D_1がいわゆる整流ダイオードです。この図の場合は正電圧を得るもので、負電圧を得たい場合はダイオードの極性を逆にします。

　D_2は還流ダイオードです。トランス出力が負になるとD_1がオフになって負電圧が出力に重畳するのを防いでくれるのですが、同時にトランスを通る還流パスも切れてしまいます。このときダイオードD_2が還流経路を確保してくれるのです。整流の原理で述べたように還流しないと整流が成立しませんから大切なダイオードです。

　正と負とを得たい時はふたつ巻線を設けてそれぞれにダイオードを配置します。

　この回路の要注意点は、巻線の極性を間違えないことで、逆につなぐと出力が得られません。一次側がプッシュ・プルであれば気にしなくて良いのですが、プッシュ・プルの場合、半波整流ではもったいないので次のような全波整流回路を使います。

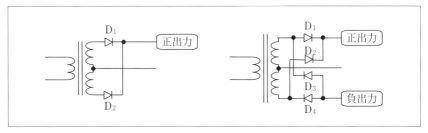

〔図3-14〕全波整流ダイオード回路

　スイッチング回路がプッシュ・プルなら、この形式の回路を使います。ダイオードは整流と、還流との双方の機能を果たします。一次側がプッシュ・プルを前提としていますから巻線の極性を気にすることはありません。右図のようにすれば正負双方の出力が得られます。

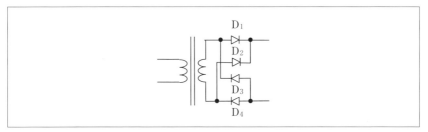

〔図3-15〕ブリッジ・ダイオード回路

　これはブリッジ回路と呼ぶもので、正のサイクルでも負のサイクルでも同じトランス巻線を利用するので巻線の利用効率が良いのと、コアに直流分を生じないのが特徴ですが、ダイオードの数は増えるしダイオードによる電圧降下は倍になるので、あえて使うこともないでしょう。

3.2.2　ダイオード
(1) 順方向特性
　ダイオードには順方向電圧降下があります。得たい出力電圧にこの順電圧降下を足したものを整流回路の出力値として考えなければなりません。この際、単純にデータ・シートの電圧降下値そのままを使って設計

□3. 二次系

すると足を掬われます。

ダイオードの順方向の電圧対電流特性は本来指数関数的特性を示します。ダイオード 1N5811 のデータ・シートを引用します。

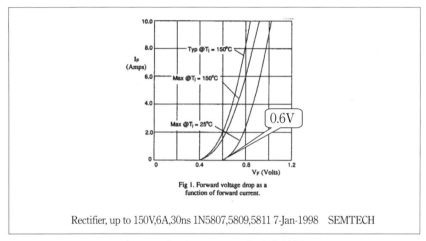

〔図 3-16〕ダイオードの順方向特性

実設計では次図のような直線近似モデルでほぼ問題なく扱うことが出来ます。

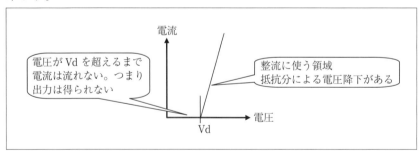

〔図 3-17〕ダイオード順方向特性の直線近似モデル

順方向にはある電圧 Vd までは電流が流れません。この電圧は一般的なシリコン整流用ダイオードでは 0.5V から 0.7V くらい、普通は 0.6V

としておいて差し支えありません。直線部分は抵抗分による電圧降下です。つまりダイオードを次図のように直流電源と抵抗の直列接続の等価回路で表します。

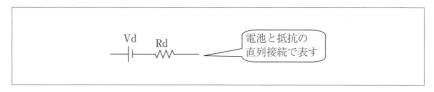

〔図 3-18〕ダイオード順方向特性の近似モデル

ダイオードのデータ・シートには順方向電圧降下の値が示されています。このデータには測定条件の電流値が添えられています。これを用いてダイオードの順方向モデルを推定します。

ダイオードの順方向電流を If、その時のダイオードの順電圧降下を Vf とすると次の式が成り立ちます。

$$Vf = Vd + If \bullet Rd$$

これからダイオードの内抵抗 Rd は次で求められます。

$$Rd = \frac{Vf - Vd}{If}$$

この式にダイオードのデータ・シートの数値を当てはめて抵抗 Rd を求めます。

ダイオード 1N5811 のデータ・シートを引用します。

ELECTRICAL CHARACTERISTICS (@ 25°C unless otherwise specified)					
	Symbol	1N5807	1N5809	1N5811	Unit
Forward voltage drop max. @ I_F = 4.0A, T_j = 25°C	V_F	←――― 0.875 ―――→			V

Rectifier, up to 150V,6A,30ns 1N5807,5809,5811 7-Jan-1998　SEMTECH

〔図 3-19〕1N5811 の順電圧降下

□3. 二次系

Vd は 0.6V とします。試験条件の If=4.0A と順方向電圧 0.875V を用い
て、$Rd = \dfrac{Vf - Vd}{If} = \dfrac{0.875V - 0.6V}{4.0A} = 0.069\Omega$ 、を得ます。

ダイオード・モデルは、$Vf = 0.6V + If \bullet 0.069\Omega$、となりました。

If に使用する際の電流値を入れれば実使用時の順電圧降下値を求める
ことが出来ます。

この例では、仮に 1A 流したとしても抵抗分による電圧降下は 69mV
に過ぎません。例に取り上げた 1N5811 は、スイッチング速度も早く抵
抗も小さく、使いやすいという評判通りの結果です。

ちょっと大きなスタッド型のダイオード 1N1204A を見てみましょう。

Electrical Characteristics

Average forward current	IF(AV) 12 Amps	TC = 170°C, half sine wave, RθJC = 2.5°C/W
Maximum surge current	IFSM 250 Amps	8.3ms, half sine, TJ = 200°C
Max I²t for fusing	I²t 260 A²s	
Max peak forward voltage	VFM 1.2 Volts	IFM = 30A: TJ = 25°C *

Silicon Power Rectifier S/R204 Series   24-Jul-2003 rev.2   Microsemi

〔図 3-20〕1N1204A の順電圧降下

順電圧降下は 1.2V とあります。これをそのまま使うと電流の小さな
領域では大きく電圧が狂ってしまいます。計算式を使ってモデルを求め
てみます。

$Vf = 0.6V + If \times 0.02\Omega$

このダイオードを 5A で使う時の順電圧降下はたかだか 0.7V に過ぎ
ません。1.2V という値は 30A も流した時の電圧降下値なのです。大型
のダイオードは測定電流値が大きいのでデータ・シートの順電圧降下値
も大きく、データ・シートどおりの大電流で使うならともかくとして、
軽負荷にもそのまま適用して設計すると大変なことになります。

ダイオードの順電圧降下は整流の項で検討してきた前提の、入力電圧

- 76 -

に逆比例したデューティ、を崩すものになります。線形で考えてきたところに電池相当の定数項が入り込んでくるからです。定数項が入り込むと、充電の時定数と放電の時定数が等しくないのと等価になり、ライン・レギュレーションが悪化します。

　無論出力電圧が高ければ順電圧降下の影響は相対的に見て低くなるのであまり問題になりませんが、出力電圧が低くなるとこの影響が顔を出してきます。電圧検出回路の項で触れます。

　シリコン・ダイオードの順電圧降下を嫌うなら、FET を使う手があります。FET に電圧がかかるのに同期してゲートを操作してやります。回路設計が少々面倒ですが、0.6V 相当のバイアス分の降下は逃げることができます。しかし FET にも抵抗分はありますから電流比例分の電圧降下はあります。

(2) 耐逆電圧
　これは単純にトランス出力電圧の最大値の倍以上とします。少なくとも全波整流方式ではオフのダイオードにはトランス出力の二巻線分、つまり二倍の電圧がかかります。使い方によってダイオードにかかる逆電圧の最大値は変わりうるのですが、常に二倍と考えておくのが簡単です。

　注意が必要なのは PWM 方式の場合は意外と高い電圧がかかるということです。

　出力に 15V を得たいとしましょう。ダイオードの電圧降下を 0.6V とみると、15.6V をデューティ 100% の時に得られるように作るとしてデューティが 40% の時には、$\dfrac{15.6V}{0.4} = 39V$、と、なんと出力電圧の二倍以上の電圧がトランスから出力されます。これの倍ですから最低 78V 以上の耐逆電圧の素子を選択しなければなりません。ディレーティングを適用するとさらに高い耐逆電圧を持つ素子が必要になります。

□3. 二次系

先に例に出した 1N5811 を見てみましょう。

ABSOLUTE MAXIMUM RATINGS (@ 25°C unless otherwise specified)				
	Symbol	1N5807	1N5809	1N5811
Working reverse voltage	V_RWM	50	100	150
Repetitive reverse voltage	V_RRM	50	100	150

Rectifier, up to 150V,6A,30ns 1N5807,5809,5811 7-Jan-1998　SEMTECH

〔図 3-21〕1N5811 の逆耐電圧

150V とありますから逆電圧が 78V なら問題ありません。電圧ディレートを適用するとし、ディレーティング・ファクタを 80% とすると120V と低くなり、出力電圧が 23V でデューティが 40% の時が限界と心もとなくなってきます。

PWM 方式は広い一次電源電圧範囲に対応できるのが特徴です。したがって一次電源電圧の可変範囲に比例してトランス出力電圧も高くなることを忘れないでください。

(3) 動作時間

最近の整流用ダイオードと銘打っているものを使えば殆ど問題はありません。FET スイッチングが一般的になってから販売されたものという意味です。整流用高速ダイオードと銘打っていても発売時点が古いと現代の目で見れば低速のものもありますので注意してください。

問題になるのはオフになるときです。ジャンクションに溜まっているキャリアが消滅するまではオフにならないからです。動作速度は速いほど良いと考えてください。

1N5811 のデータを見てみましょう。

- 78 -

ELECTRICAL CHARACTERISTICS (@ 25°C unless otherwise specified)					
	Symbol	1N5807	1N5809	1N5811	Unit
Reverse recovery time max. 1.0A I$_F$ to 1.0A I$_R$. Recovers to 0.1A I$_{RR}$.	t$_{rr}$	←——————— 30 ———————→			nS

Rectifier, up to 150V,6A,30ns 1N5807,5809,5811 7-Jan-1998   SEMTECH

〔図 3-22〕1N5811 の回復時間

ダイオードのバイアスがなくなっても 30ns の間はオンになっている
ということです。スイッチング周波数を 100kHz とすると周期は 10us で
すから、30ns は 10us の 0.3% であり問題なく使えると判断できます。

3.3　ロード・レギュレーション

ロード・レギュレーションとは負荷電流に対する出力電圧の変動を言
います。どれだけ安定かという指標です。無負荷時の出力電圧から定格
負荷時の出力電圧を引いて、無負荷時の出力電圧で割ったものの百分率
で表します。無論小さいほど良好です。

たとえば、無負荷時の出力電圧が 15.0V で定格負荷時の出力電圧が
14.5V だとすると、$\dfrac{15.0V - 14.5V}{15.0V} = 3.3\%$　、です。

設計するにあたっては負荷に加わる電圧の絶対値が必要なので、百分
率より、負荷が変動したとき何 V 上下するか、と絶対値で扱います。

ロード・レギュレーションを決めるふたつの要素があります。

ひとつは整流の項で述べたスイッチング周期に対する整流回路の時定
数の比です。同じデューティだと、スイッチング周期に対して整流回路
の時定数が小さくなると出力電圧が下がってきました。整流回路の時定
数は負荷が軽くなるほど小さくなりますから、これに基づくロード・レ
ギュレーションは負荷が軽くなると電圧が下がるという形で現れます。
これは時定数の設定と、負荷電流の変動範囲を抑えることで無視できる

- 79 -

□3. 二次系

程度にすることができます。

　もうひとつは二次回路素子、つまりトランス、ダイオード、インダクタの三つ、のもつ直流抵抗による電圧降下です。これらの直流抵抗で生ずる電圧降下は単純に電流に比例して生ずるもので防止の方法は、直流抵抗を小さくする以外にありません。

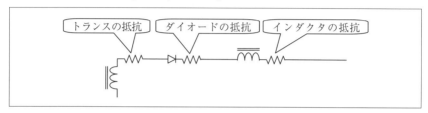

〔図3-23〕二次系の直流抵抗

　厳密に言えば、プリント・パターンや配線の直流抵抗も要素です。ダイオードの抵抗分を除けば、残りの抵抗はすべて線材の直流抵抗で決まります。線材の直流抵抗は太さと長さの関数です。細く長いほど抵抗は大きく、太く短いほど小さくなります。

　インダクタの例にタムラ製作所の製品をとりましょう。

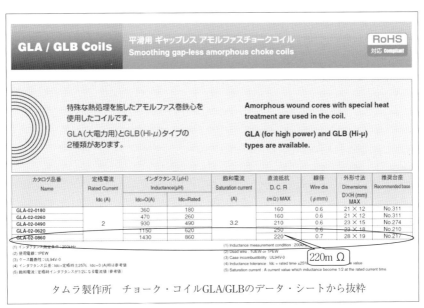

〔図3-24〕インダクタの直流抵抗

　表の中で一番大きなインダクタンス860uHを持つGLS-02-0860の場合、直流抵抗の最大値は220mΩつまり0.22Ωあります。100mAの電流が流れれば0.02Vの電圧降下が生じます。この程度の電圧降下であれば問題は無かろうと思いますが、設計時点では必ず抵抗による電圧降下を計算するようにします。トランスも似たようなものと考えてください。

　大切なことは、ロード・レギュレーションをなくすことはできないので、負荷側の設計がこの電圧変動を許容できるようにすることです。もし負荷側で電圧公差を厳しく設定すれば二次系は整流回路だけでOKというわけにはゆかなくなります。電源設計の前に負荷設計が大切なのです。

3.4　トランス

　整流回路設計が済んだらトランスを設計します。

□3. 二次系

3.4.1 巻線比の設定

巻線比を決めます。

一次電源電圧を Vp、二次出力電圧を Vs、デューティを d とします。
トランスの一次巻線数を n_1、二次巻線数を n_2 とします。

デューティ d のときの等価一次電源電圧は、$Vp \bullet d$ ですから、巻線比 $\dfrac{n_2}{n_1}$ は、
$\dfrac{n_2}{n_1} = \dfrac{Vs}{Vp \bullet d}$ 、で決定できます。

たとえば、一次電源電圧範囲を 20V から 40V、20V の時にデューティ
を 85% と設定します。

20V の時の等価一次電源電圧は、$Vp \bullet d = 20V \times 0.85 = 17V$、です。

40V の時のデューティは 20V の時のデューティの 2 分の 1 の 42.5%
ですから等価一次電源電圧は、$Vp \times d = 40V \times 0.425 = 17V$、と電源電圧の
如何に関わらず等価一次電源電圧は一定、つまり巻線比は固定されます。

ちなみに出力電圧 Vs を 15V としましょう。巻線比は、

$\dfrac{n_2}{n_1} = \dfrac{Vs}{Vp \bullet d} = \dfrac{15V}{17V} = 0.88$ 、です。

これで良さそうですが問題があります。それは整流回路に使うダイオ
ードです。シリコン・ダイオードの場合約 0.6V の順方向電圧降下があ
るからです。この電圧降下分を補償してやらなければなりません。

一次電源電圧にトランスの巻線比を掛けたものがトランス二次側出力
です。整流回路の入力電圧は、この電圧からダイオードの電圧降下 Vd
を差し引いたものになります。この平均値をとりますから、二次出力電
圧は次式で表されます。

$$Vs = \left(Vp \times \frac{n_2}{n_1} - Vd \right) \times d$$

辺々を $Vp \bullet d$ で割って整理すると巻線比は次となります。

$$\frac{n_2}{n_1} = \frac{Vs}{Vp \times d} + \frac{Vd}{Vp}$$

ダイオードの電圧降下を考慮しないときと比べると、$\frac{Vd}{Vp}$、が加算されます。面倒なことに、この値は一次電源電圧 Vp によって変動します。したがって一次電源電圧の基準値をいくらにとるかによって巻線比は変わります。

基準値の考え方のひとつは、一次電源電圧範囲内の公称電圧を使うことです。たとえば、一次電源電圧範囲を 20V から 40V、20V の時にデューティを 85% と設定したとします。公称電圧が 28V であれば、28V と、その時のデューティ 61% を用いて巻線比を決定します。

もうひとつの考え方は、ダイオードの電圧降下分 Vd が大きく効くのは一次電源電圧 Vp が低い時なので、最低電圧を使うこと。この例では 20V、85% です。

試算してみます。

〔表 3-1〕

出力電圧	巻線比	
	28V、60.7%	20V、0.85%
15V	$\frac{15V}{28V \times 0.607} + \frac{0.6}{28V} = 0.904$	$\frac{15V}{20V \times 0.85} + \frac{0.6V}{20V} = 0.912$

先に求めた 0.88 と比べて、当然ですが、大きくなります。

ダイオードの順電圧降下という定電圧要素が入るので一次電源電圧を可変した時に二次出力電圧が変動します。つまりライン・レギュレーションが悪化します。

巻線比を 0.904 とし、$Vs = \left(Vp \times \frac{n_2}{n_1} - Vd \right) \times d$、を使って出力電圧を計算し、グラフにしてみます。

- 83 -

□3. 二次系

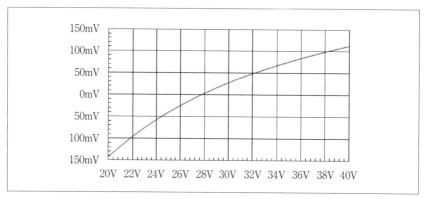

〔図3-25〕非線形要素によるライン・レギュレーション変動

およそ250mVくらい変動することが分ります。

3.4.2　複数出力

　自分で電源を設計、製作する醍醐味は自分の好みの出力電圧が得られること、また複数出力も自在に構成できることです。たとえばアナログ回路の電圧は15Vと相場が決まっていますが13V位でも実用になります。アナログ回路用、デジタル回路用、それに定電流回路用の高電圧出力の組み合わせ等もトランス設計だけで得られます。市販の電源モジュールは特定の出力電圧に特化されているので複数の電源を用意しなければならないのに対して有利な点です。

　複数出力の場合、トランスの二次出力間の巻線比は出力電圧の比になるのが本来ですが、前項に記したようにダイオードの順電圧降下の定数項が入ってくるため、単純に出力電圧比で決めることができません。出力ごとに対一次巻線に対する巻線比を決めてゆく必要があります。ダイオードの順電圧降下分の出力電圧誤差に対する影響は、出力電圧が高くなるほど薄れますから、出力電圧が高い方では気にすることはありませんが、出力電圧が低い方では大きく出てくるので要注意です。

トランスを発注する際、トランス・メーカーでは、ダイオードによる電圧降下分の補正といったことはしてくれませんから、入力電圧と出力電圧を指示するだけでなく発注仕様書には巻線比を指示するようにします。

3.4.3　直流重畳

トランスもインダクタ同様、直流重畳に配慮が必要です。直流問題はコア設計に関係します。

一次側は、スイッチング方式がプッシュ・プルであれば直流分は生じないので気にすることはありませんが、シングルの場合は直流分が生じます。二次側は直流を得るのが目的ですから必然的に直流がトランス巻線を流れます。

これらの直流成分を含めた上で交流分に対して十分なインダクタンスを得なければならないので必然的にコアが大きくなります。したがって、回路設計では極力直流分を減らす工夫をしなければなりません。つまり巻線に流す直流の向きを考慮し、直流分が相殺するようにしてやります。

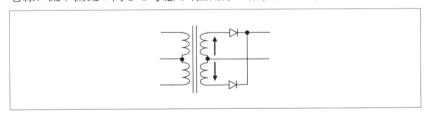

〔図3-26〕トランスの直流重畳対策

上の回路の場合、一次側のスイッチングはプッシュ・プルを前提としているのですが、二次側のふたつの巻線に流れる直流分はお互いに逆の向きになるので、磁束は相殺しコアには直流分が流れません。

□3. 二次系

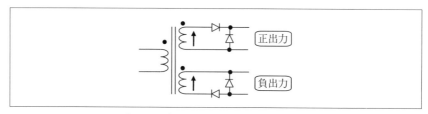

〔図 3-27〕トランスの直流重畳対策

　一次側のスイッチングがシングルの場合、正と負を組み合わせれば良さそうですが、上図のように一次と二次の結合に制約があるので相殺できません。

　トランスを発注する際は直流がどう流れるのかが分かるように発注仕様書に書きます。シングル構成であればトランス巻線の極性を指示します。

　各巻線から得る出力の直流電流値が必要です。最大負荷電流だけでなく負荷電流の範囲も記した方が安全です。さらに磁束が相殺するように巻線の極性を配置したとしても、双方の巻線に常に同じ電流が流れると解釈されても困りますから、電流の条件、つまり正と負は必ずしも同じ電流が流れるとは限らないと断っておくのが安全です。無論、常にバランスがとれていればコアを小さくすることが可能でトランスが小型軽量になりますから、その旨を記すようにします。

3．4．4　発熱
　トランスは結構発熱します。発熱量を把握した上で適切な放熱対策を採ってください。真空下でも使うなら伝熱による放熱対策が必要です。

3．5　負荷
　PWM DCDC コンバータの特性は整流回路で決まり、それには負荷が絡みます。電源の役目は、負荷に一定電圧の直流電力を供給することです。整流の項で考察したように、PWM DCDC コンバータの鍵は整流に

あり、正しい整流効果を得るにはチョーク・インプットが必要、したがってチョーク・インプットの持つ特性がそのまま PWM DCDC コンバータの特性になるのでした。この特性に合うよう負荷を考慮すれば効率よくかつ負荷と相性のよい電源が実現できます。

電源設計側から負荷設計に要望することは次のようになりましょう。
　　電源電圧公差は大きく、
　　許容リップルは大きく、
　　二次出力の種類は少なく、
　　負荷電流の変動範囲は狭く、
　　最大負荷電流の見積もりは正確に。

電源設計者の言い分を一方的に言っているような気がしますが、実は、この様な配慮をすることは負荷側にとっても大切なのです。

電源電圧の許容範囲を広く設計しておけば少々の電源電圧変動には耐える回路になるので回路動作が安定します。つまり回路の信頼性が向上します。負荷回路を試験する際、試験者は電源設定を丁寧にやる必要がなくなるので生産性が向上します。

二次出力の種類を減らせば、負荷回路を試験する際、試験者は複数の電源を用意し、それをひとつずつ設定し、かつ電源の投入順序を考えるという煩わしさから解放されるので、生産性の向上に寄与します。

負荷回路の設計者は往々にして電源に対して適当に仕様を与えることが多いのですが、負荷側で電源系をきちんと整理し、それに基づいて仕様を与えるようにしましょう。効率のよい電源、負荷と相性のよい電源、そして信頼性の高い電源と機器が得られます。

4.
一次系

4．1　スイッチング回路

　一次系の主役はスイッチング回路です。整流回路設計の前提に、スイッチング周波数あるいはスイッチング周期とデューティが必要でした。

4．1．1　スイッチング周波数

　スイッチング周波数は、スイッチングに用いる素子の速度によって決まります。大雑把にはトランジスタであれば 10kHz 台、MOSFET であれば 100kHz 台です。

　一世を風靡したトランジスタ 2N5672 を例にとりましょう。

ELECTRICAL CHARACTERISTICS (T_c = 25ºC unless otherwise noted)					
Characteristic		**Symbol**	**Min**	**Max**	**Unit**
SWITCHING CHARACTERISTICS					
On Time	V_{CC} = 30 V I_C = 15.0 A I_{B1} = -I_{B2} = 1.2 A t_p = 0.1 ms Duty Cycle ≦2.0%	t_{on}		0.5	us
Storage Time		t_s		1.5	us
Fall Time		t_f		0.5	us

2N5672 NPN Power transistor　MOSPEC

〔図 4-1〕2N5672 のスイッチング特性

　ここでは、オン・タイム、ストレージ・タイムそれにフォール・タイムの三つの時間が示されています。

　オン・タイムは、ベースに信号を加えてからコレクタがオンになるまでの時間です。これだけ遅延時間があると考えます。ただ、この間トランジスタのコレクタに何の変化もないとは言えないので、この間はオフかオンか怪しいと考えておきます。

　フォール・タイムは、オン・タイムと同様、ベース駆動を取り去ってからオフが始まるまでの時間です。この時間の間は、オン・タイムと同様オンかオフか怪しいと考えておきます。

□4. 一次系

　ストレージ・タイムはベースの余剰キャリアが消滅する時間です。ト
ランジスタを飽和状態のオンにするには、コレクタ電流を直流電流増幅
率、hfe、のコレクタ電流と温度で定まる最小値で割っただけのベース
電流を流しこめばよい理屈ですが、その結果、普通、常温では hfe が大
きくなるのでベース電流が過剰になります。過剰なベース電流により余
剰なキャリアがベースに蓄積され、ベースの駆動信号を取り去っても蓄
積されたキャリアが消え去るまではコレクタ電流がオフにならないので
す。これがストレージ・タイムで、トランジスタ・スイッチの最大の問
題点です。

　ベース電流が過大であるほどストレージ・タイムは長くなります。上
に示した 2N5672 のデータ・シートでは、コレクタ電流 IC=15A、ベー
ス電流 IB=1.2A の条件が示されています。
　このトランジスタの 25℃における直流電流増幅率は次のとおりです。

ELECTRICAL CHARACTERISTICS (T_C = 25°C unless otherwise noted)					
Characteristic	**Symbol**	**Min**	**Max**	**Unit**
ON CHARACTERISTICS (1)				
DC Current Gain (I_C = 15.0 A , V_{CE} = 2.0 V) (I_C = 20.0 A , V_{CE} = 5.0 V)	hFE	20 20	100	

2N5672 NPN Power transistor　MOSPEC

〔図 4-2〕2N5672 の直流増幅率

　直流電流増幅率の最小値は、hfe=20、です。
　コレクタ電流 15A を流すに必要なベース電流は、コレクタ電流を直流
電流増幅率の最小値、hfe=20、で割って求めます。$\frac{I_C}{hfe} = \frac{15A}{20} = 0.75A$、
です。
　求めた電流と、試験条件のベース電流 1.2A との比は、$\frac{1.2A}{0.75A} = 1.6$　、
つまり、試験条件のベース電流は hfe が最小の場合でも 6 割ほど過剰で
す。

- 92 -

直流電流増幅率の最大値は、hfe=100、です。

　この時必要なベース電流は、$\dfrac{15A}{100}=0.15A$ 、

　試験条件のベース電流 1.2A との比は、$\dfrac{1.2A}{0.15A}=8$ 、実に 8 倍と過剰です。

　ただし、1.2A までのベース電流であればストレージ・タイムは 1.5usec 以下だということをデータ・シートは示しています。また、さらに過剰にベース電流を流した場合、ストレージ・タイムはもっと延びるということも示しています。この場合の数値データによる保証はありませんから、設計する際には、データ・シートの試験条件に示されたベース電流の範囲を守るようにします。

　長々と説明しましたが、オン・タイム、ストレージ・タイムそれにフォール・タイムの三つの時間を足した期間はスイッチングの過渡期に必要な無駄時間です。ここの例では、

$$t_{on}+t_{stg}+t_{fall}=0.5us+1.5us+0.5us=2.5us$$

が無駄時間です。

　スイッチング周期は、この無駄時間が無視できる、あるいは設計の邪魔にならないくらいの長さにとります。無駄時間がスイッチング周期の一割程度であれば実用になる設計が可能です。これでスイッチング周波数が決まります。

　たとえば無駄時間 2.5us をスイッチング周期の 1 割とすれば、スイッチング周期は 25us、すなわち周波数は 40kHz です。1 割 5 分とするとスイッチング周期は 17us、周波数は 60kHz です。この辺りがトランジスタを使う場合のスイッチング周波数の限界です。無論、無駄時間を承知の上でスイッチング周波数を上げることはできますが、効率のよい電源にはなりません。

□4. 一次系

MOSFET を見ましょう。

IRHMS57160 を例にとりましょう。

Electrical Characteristics @ Tj = 25°C (Unless Otherwise Specified)

	Parameter	Min	Typ	Max	Units	Test Conditions
$t_{d(on)}$	Turn-On Delay Time	—	—	35		V_{DD} = 50V, I_D = 45A
t_r	Rise Time	—	—	125	ns	V_{GS} =12V, R_G = 2.35Ω
$t_{d(off)}$	Turn-Off Delay Time	—	—	75		
t_f	Fall Time	—	—	50		

IRHMS57160 Radiation hardened Power MOSFET 24-Jul-2006
International Rectifier

〔図 4-3〕IRHMS57160 のスイッチング特性

ターン・オン・ディレイ・タイム、ライズ・タイム、ターン・オフ・タイム・ディレイ・タイムそしてフォール・タイムと四つのパラメータが示されており、いずれも最大値が示されています。全部足してみます。

$$t_{d(on)} + t_r + t_{d(off)} + t_f = 35ns + 125ns + 75ns + 50ns = 285ns$$

全部足しても 285ns です。FET ではトランジスタにおけるベースの余剰キャリアの問題がないので早いのです。この無駄時間がスイッチング周期の一割になるように設定すれば、スイッチング周期は 2.9us、周波数で表せば 350kHz です。

スイッチング周波数を高くとるのは、小さなインダクタやキャパシタでも十分なリアクタンスが稼げるので整流回路部品の小型軽量化が図れて有利なのですが、FET のスイッチング特性が良いのが逆に作用しスパイク・ノイズを抑えるのに苦労する挙句効率が下がったり、負荷となるアナログ回路ではリップル抑止力が低下したりと、スイッチング周波数は高ければ高いほどよいという訳でもありません。いわゆる電源の教科書には、周波数が高いほど小型軽量化が図れて良い、と書かれているのですが、一面だけを見ていることをお忘れなく。

4.1.2 デッド・タイム

デッド・タイムとはスイッチング一周期の間にオンにしないでおく時

- 94 -

間のことです。なにもしないという意味でデッドと名付けられています。

スイッチング周波数の項で説明したように、トランジスタにせよMOSFETにせよベース駆動あるいはゲート駆動を止めればすぐにコレクタ電流あるいはドレイン電流が止まるものではなく、ある時間は負荷電流が流れ続けます。

スイッチング素子を一個だけ使う、つまりシングル構成であればなにも問題は起きませんが、スイッチング素子ふたつを使ってプッシュ・プル構成あるいはブリッジ構成をとる場合、一方の素子をオフにしても、トランジスタではベースのキャリアが消滅するまで、FETでもゲート駆動を取り去ってから一定時間は、オフにならないので、トランス巻線には電流が流れています。この間に相手側のトランジスタあるいはFETがオンになると、反対側の巻線にも電流が流れます。ふたつの巻線に同時に通電すると、各々のトランス巻線の作る磁束がキャンセルし合う結果トランス巻線のリアクタンスは無くなり、単なる電線となって一次電源を短絡するという大事故に発展します。

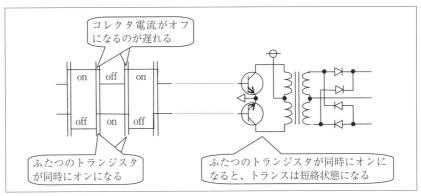

〔図4-4〕デッド・タイムの必要性

ふたつのスイッチング素子が同時にオンになる事態を避けるために、駆動信号を切ってから素子がオフになるのに必要な期間は反対側の素子

□4. 一次系

に駆動信号を出さないようにします。この時間をデッド・タイムと呼びます。

　デッド・タイムは最低限トランジスタあるいは MOSFET のオフ時間分を採ります。トランジスタであれば、ストレージ・タイムとフォール・タイムを足した時間です。

　トランジスタ 2N5672 の場合は、次表の t_{s_max}=1.5us と t_{f_max}=0.5us1 の和で 2us です。

ELECTRICAL CHARACTERISTICS (T_c = 25°C unless otherwise noted)

Characteristic		Symbol	Min	Max	Unit
SWITCHING CHARACTERISTICS					
On Time	V_{CC} = 30 V I_C = 15.0 A	t_{on}		0.5	us
Storage Time	I_{B1} = -I_{B2} = 1.2 A t_p = 0.1 ms	t_s		1.5	us
Fall Time	Duty Cycle ≦2.0%	t_f		0.5	us

2N5672 NPN Power transistor　MOSPEC

〔図 4-1 再掲〕2N5672 のスイッチング特性

　MOSFET の IRHMS57160 の場合は、次表の $t_{d(off)\_max}$=75ns と t_{f_max}=50ns の和で 125ns です。

Electrical Characteristics @ Tj = 25°C (Unless Otherwise Specified)

	Parameter	Min	Typ	Max	Units	Test Conditions
$t_{d(on)}$	Turn-On Delay Time	—	—	35		V_{DD} = 50V, I_D = 45A
t_r	Rise Time	—	—	125	ns	V_{GS} =12V, R_G = 2.35Ω
$t_{d(off)}$	Turn-Off Delay Time	—	—	75		
t_f	Fall Time	—	—	50		

IRHMS57160 Radiation hardened Power MOSFET 24-Jul-2006
International Rectifier

〔図 4-3 再掲〕IRHMS57160 のスイッチング特性

　上の議論でお分かりになったことと思いますが、スイッチング素子オンの時間は短絡事故には関連しないので考慮しなくてもよいのです。したがってスイッチング周波数は、スイッチング素子オンの時間を差し引

いた分だけ、スイッチング周波数、の項で論じたより高くとることができます。

　デッド・タイムが一割になるようにスイッチング周期を取るとすれば、スイッチング周波数は、
　　トランジスタ 2N5672 では、$\dfrac{2us}{0.1} = 20us$ 、ですから 50kHz、

　　MOSFET IRHMS57160 では、$\dfrac{125ns}{0.1} = 1.25$ ですから 800kHz と、それぞれなります。

4.1.3　二次系のダイオード
　スイッチングに用いる素子の応答速度により、スイッチング周波数とデッド・タイムに対する制約が生ずることが分かりました。同じことを考えなければならないのが二次系のダイオードです。

　ダイオードはれっきとしたスイッチ素子です。トランジスタや FET がベース駆動あるいはゲート駆動に従ってスイッチするのに対して、加えられたバイアスの極性によってスイッチする点が異なるだけです。トランジスタのベース・エミッタ間と同様、バイアスが除かれても直ちにキャリアは消滅しないので、これがターン・オフを遅くします。

　原則としてダイオードにはスイッチ速度がスイッチング素子のそれより早い物を選びます。万が一ダイオードの速度の方が遅い場合、デッド・タイムはダイオードに合わせなければなりません。

　スイッチング素子にトランジスタを用いる場合、二次側のダイオードのスイッチ速度は、よくよく選択を間違えない限り、トランジスタに比べれば速いので特に問題になることはありませんが、MOSFET は速度が速いのでダイオードのスイッチ速度を確かめておかなければなりません。

－ 97 －

□4. 一次系

1N5811 のデータを見てみましょう。

ELECTRICAL CHARACTERISTICS (@ 25^{0}C unless otherwise specified)						
	Symbol	1N5807	1N5809	1N5811	Unit
Reverse recovery time max. 1.0A I$_F$ to 1.0A I$_R$. Recovers to 0.1A I$_{RR}$.	trr	←	30	→	nS

Rectifier, up to 150V,6A,30ns 1N5807,5809,5811 7-Jan-1998　SEMTECH

〔図 4-5〕1N5811 の回復時間

　ダイオードのバイアスがなくなってオフ特性を示すまでに 30ns かかるということです。逆に言えば 30ns はオンのままということです。

　MOSFET の IRHMS57160 の場合のターン・オフ時間は 125ns でしたから、1N5811 のターン・オフ時間はその中に含まれるということになります。1N5811 は人気のある素子ですが、その理由は回復時間が短いという、この辺りにもあるのかもしれません。

4.1.4　デューティ

　最大デューティはスイッチング素子駆動に必要なデッド・タイムで決まります。

　プッシュ・プルの場合、理想的にはデューティ 100% での駆動が可能なのですが、現実にはデッド・タイムを確保しなければなりませんから、デッド・タイム分を差し引いたものが採り得る最大デューティです。

　トランジスタ 2N5672 でデッド・タイムとして 2us をとり、スイッチング周波数を 50kHz とすれば、スイッチング周期は 20us ですから、最大デューティは、

$$\frac{20us - 2us}{20us} = 0.90$$

となり、90% より大きくとることはできません。

- 98 -

ちなみに、一次電源電圧が 20V から 40V の場合、20V 時に最大デューティ 90% に合わせれば、40V の場合のデューティは 45% と自動的に決まります。

　理想的な方形波スイッチングであればスイッチング素子に必要なデッド・タイムだけ考慮しておけばよいのですが、実際の設計では最大デューティを小さめに設定します。というのは他にもデッド・タイムと同様の考慮を必要とするものがあるからです。

　それはスイッチング方式につきもののスパイク対策のためです。別項で述べますが方形波の立ち上がり、立ち下がりでスパイクが発生します。スパイク対策を施すと方形波の立ち上がり、立ち下がりが緩やかになります。これはスイッチング素子のオフ遅延と同じ要素になりますから、最大デッド・タイム設定にこの時間を加えなければなりません。

　どれだけとれば良いかはスパイク対策にもよるので一概に言えません。敢えて言えばスイッチング素子のデューティ計算に使ったデッド・タイムの値を加えておけば良かろうかと思います。つまり倍と考えておくと言うことです。

　トランジスタ 2N5672 のデッド・タイムは 2us でしたから倍として 4us、したがってスイッチング周波数が 50kHz なら最大デューティは 80% です。一次電源電圧が 20V から 40V の場合、20V 時に最大デューティ 80% に合わせれば、40V の場合のデューティは 40% です。デューティ 40% は実用になる値です。デューティと整流出力の品位については整流の項に戻って確かめてください。

　スイッチング回路がシングルの場合は、同時オンはないのでデューティに制約は無いのですが、100% デューティでは交流でなく直流ですからコンバータが成立しません。シングルではデューティ 100% はありま

□4. 一次系

せん。

４．１．５　電圧、電流、電力
(1) 電圧
　使用するスイッチング素子の耐電圧は最低限、一次電源電圧の最大値
の二倍とします。

　プッシュ・プル方式の場合、オフになっているトランジスタのコレク
タには電源電圧の二倍の電圧がかかります。理想的に出来上がれば二倍
でよいのですが、現実にはスパイクが重畳したりしますから二倍以上が
必要です。シングルの場合でも二倍かかる場合がありますから二倍を目
途としておきます。二倍を超える場合もあるのはプッシュ・プル方式と
同じです。

　ディレーティングを適用する場合は、素子にかかる最大電圧をディレ
ーティング・ファクタで割った値以上の絶対最大定格を持つものを選定
します。

　素子にかかる最大電圧が100V、電圧のディレーティング・ファクタ
が80% なら、$\dfrac{100V}{0.8}=125V$ 、以上の絶対最大定格を持つものを選定し
ます。

(2) 電流
　二次負荷電力の総和分の電力を供給するのですから、二次負荷電力の
総和分の電力をトランスの効率で割って得た電力を一次電源電圧で割っ
ただけの電流を流せるものとします。スイッチング素子が電力を供給す
るのはスイッチングがオンの時だけですから、この場合の一次電源電圧
は、一次電源電圧にデューティを掛けた値を使います。

　例えば、二次系の総電力が30VA とします。トランスの効率は80%

- 100 -

得られるとします。必要な一次側の供給電力は、$\dfrac{30VA}{0.8} = 37.5VA$ 、です。

　一次電源電圧が 20V から 40V、最大デューティが 80% としましょう。最大電流は、一次電源電圧が 20V、デューティ 80% のときですから電流は、$\dfrac{37.5VA}{20V \times 0.8} = \dfrac{37.5VA}{16V} = 2.34\,A$ 、です。

　プッシュ・プルでも、ひとつのトランジスタが、この電流値を流せなければなりません。ただプッシュ・プルの場合は 1 サイクルおきにお休みになるので、実効電流値は半分になるので、損失は半分になります。

　ディレーティングを適用する場合は、素子の最大電流を電流ディレーティング・ファクタで割った値以上の絶対最大定格を持つものを選定します。

　素子の電流が 2.34A、ディレーティング・ファクタが 80% なら、$\dfrac{2.34\,A}{0.8} = 2.93\,A$ 、以上の絶対最大定格を持つものを選定します。

(3) 電力、ジャンクション温度

　電力すなわち素子の許容熱損失は、ジャンクション温度で決まります。

　ジャンクションで生ずる熱損失はケースに向かって流れます。ジャンクションとケースの間には熱抵抗があります。熱の流れが熱抵抗を通ると温度差が生じます。つまり、ジャンクション温度はケース温度に、熱損失と熱抵抗の積の温度を足したものです。

$$Tj = Tc + Pd \bullet \theta jc$$

Tj	℃	ジャンクション温度
Tc	℃	ケース温度
Pd	W	電力損失
Θjc	℃/W	ジャンクションとケース間の熱抵抗

　半導体素子を使う場合、ジャンクション温度が限界値を超えなければ

- 101 -

□4. 一次系

よいのです。

　ケース温度が低ければ低いほど損失を大きくとれるかというと、放熱能力の限界がありますから、ある熱損失以上、つまりある電力損失以上は駄目という限界があります。素子のデータ・シートには最大電力xxWとありますが、これは、この限界電力を示しています。

　2N5672のデータ・シートを引用します。

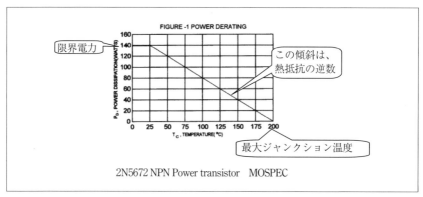

〔図4-6〕2N5672の許容損失

　最大ジャンクション温度は200℃です。周囲温度が200℃のとき、これ以上の温度上昇は許されません。つまり電力損失はゼロ、要は使えません。最大ジャンクション温度は100℃なら80Wまでは使えるということです。また25℃以下ではジャンクション温度の如何に関わらず140W以上では使えません。

　熱抵抗は、ジャンクションとケースの間と記しましたが、常圧大気中で使う場合は空気の対流による放熱を前提として、ジャンクションと大気との間の熱抵抗が使われます。
　データ・シートでは熱抵抗を、ジャンクションとケース間は $θjc$、junction to case、ジャンクションと大気間は $θja$、junction to air、と表示

して区別しています。

　素子の電力損失を求めます。この電力にジャンクション・ケース熱抵抗 θjc を掛けて温度上昇分を求めます。これにケース温度 Tc を足したものがジャンクション温度 Tj です。対流放熱の場合は、電力にジャンクション・大気の熱抵抗 θja を掛け、大気温度を足して求めます。

　ディレーティングを掛ける場合は、最大電力と最大ジャンクション温度の双方にかけます。
　電力ディレーティングは、電圧、電流ディレーティング共に80％の場合は60％です。最大ジャンクション温度はずばり温度で与えます。ほとんどの場合はシステム要求として示されます。

　2N5672のデータ・シート上で設定してみましょう。
　電力ディレーティング60％、最大ジャンクション温度125℃の場合です。

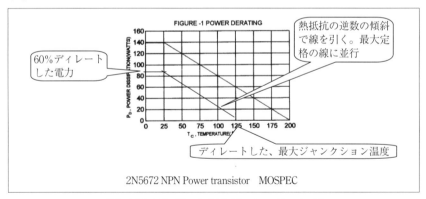

〔図4-7〕2N5672の電力ディレーティング

　電力損失はオン時のコレクタ・エミッタ間電圧あるいはドレイン・ソース間電圧とコレクタ電流あるいはドレイン電流の積で求めます。オフの場合も漏れ電流はあり、加わっている電圧は大きいのでそれなりに損

□4. 一次系

失は発生しますが通常は無視できます。念のため計算しておくのも良いと思います。

　オンとオフの間は損失の大きなリニア領域を通過します。この領域では大きな損失が発生します。ただ、リニア領域に居る時間は短いので時間平均すると無視できるのですが、瞬時でも超えてはならない最大損失が素子にはありますから、その制約を超えていないかの確認は必要です。Safe Operating Area 略して SOA としてデータ・シートに記載されています。

　トランジスタの例を次に示します。

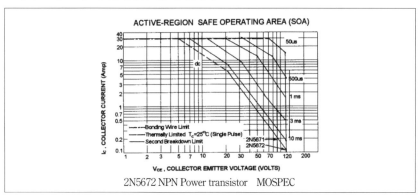

〔図 4-8〕2N5672 の安全動作領域

　FET の例を次に示します。

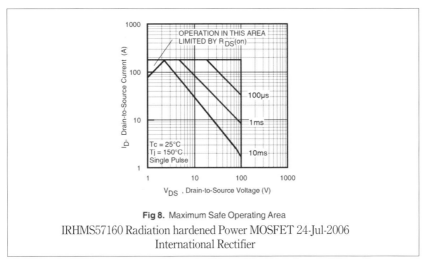

Fig 8. Maximum Safe Operating Area
IRHMS57160 Radiation hardened Power MOSFET 24-Jul-2006
International Rectifier

〔図 4-9〕IRHMS57160 の安全動作領域

4.1.6　配線のインダクタンス

　スイッチング回路で大きな問題は配線の持つインダクタンスです。この対処を怠ると効率が落ちる、スパイク電圧が大きくなる、最悪の場合スイッチできないという場合もあります。

　配線はインダクタンス L を持ちます。電流変化 $\frac{di}{dt}$ があるとインダクタ L の両端には、$V = L \cdot \frac{di}{dt}$ 、の電圧が生じます。PWM 電源は方形波を扱います。インダクタンス L の値が小さくても方形波の立ち上がりと立ち下がりでは、理論的には無限大の周波数まで延びる急激な電流変化があるので $\frac{di}{dt}$ は大きな値となり、結果としてインダクタの両端に大きな電圧を生じます。

　この電圧はスイッチ・オン時には、大きな電圧降下を与えて電流増加を抑えるように作用します。
　次にスイッチング回路を示します。

□4. 一次系

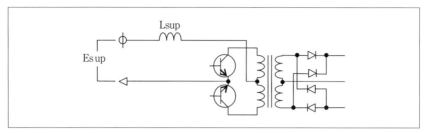

〔図 4-10〕配線の漂遊インダクタンス

　漂遊インダクタンス Lsup に着目して下さい。トランジスタがオンになる瞬間、本来は一次電源 Esup の電力をトランスの中点に加えたいのですが、Lsup による電圧降下のために、$E\mathrm{sup} - L\mathrm{sup} \cdot \frac{di}{dt}$、しか電圧が加わらず、所望の電力が加わらないという事態になります。電流変化が小さくなって初めて Esup が加わることになります。

　トランジスタの立ち上がりは遅いので $\frac{di}{dt}$ は小さいのですが、FET は応答が早く $\frac{di}{dt}$ が大きくトランジスタの場合より問題が大きくなります。

　どれくらいの値になるか見てみます。
　MOSFET の例として IRHMS57160 を用いましょう。

Parameter		Min	Typ	Max	Units	Test Conditions
t_d(on)	Turn-On Delay Time	—	—	35	ns	V_DD = 50V, I_D = 45A
t_r	Rise Time	—	—	125		V_GS = 12V, R_G = 2.35Ω
t_d(off)	Turn-Off Delay Time	—	—	75		
t_f	Fall Time	—	—	50		

IRHMS57160 Radiation hardened Power MOSFET 24-Jul-2006
International Rectifier

〔図 4-3 再掲〕IRHMS57160 のスイッチング特性

　オンの立ち上がり時間は 125ns です。電流は 3A としましょう。配線のインダクンスが 0.1uH あるとします。発生する電圧降下 V は、

$$V = L \bullet \frac{di}{dt} = 0.1uH \times \frac{3A}{125ns} = 2.4V$$ 　、です。電源電圧が 20V だとすると 12% 近い電圧降下が発生するということです。

　最大電流 3A が電源電圧 20V、最大デューティ 80% で得られているとすると、電力は 48W と比較的小さな容量の電源です。100W 近くであれば電源電流は倍になりますから電圧降下も倍になり問題が大きくなることが分かると思います。

　トランジスタの例として 2N5672 を見てみます。

ELECTRICAL CHARACTERISTICS (T_c = 25°C unless otherwise noted)

Characteristic		Symbol	Min	Max	Unit
SWITCHING CHARACTERISTICS					
On Time	V_{CC} = 30 V I_C = 15.0 A I_{B1} = -I_{B2} = 1.2 A t_p = 0.1 ms Duty Cycle ≦2.0%	t_{on}		0.5	us
Storage Time		t_s		1.5	us
Fall Time		t_f		0.5	us

2N5672 NPN Power transistor　MOSPEC

〔図 4-1 再掲〕2N5672 のスイッチング特性

　オン・タイムは 0.5us と MOSFET IRHMS57160 の 4 倍です。したがって、上の例と同じ条件なら配線のインダクタンスによる電圧降下は 4 分の 1 の 0.6V で済みます。

　漂遊インダクタンス Lsup による電圧降下を逃れるには、トランスの近傍にキャパシタを配置し、スイッチ・オンの瞬間の電力をキャパシタから供給するようにします。ただし、その使い方には十分な注意が必要です。特に部品配置が問題です。

－ 107 －

□4. 一次系

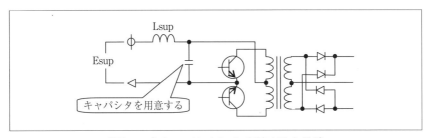

〔図4-11〕キャパシタによる瞬時電力供給

　スイッチ・オンの瞬間にはキャパシタから電力を受けるのですから、キャパシタが電源です。この電源の電力を無駄なく供給しなければなりません。そのためにはキャパシタ、トランス、スイッチ素子そしてキャパシタに戻るループ内の配線のインダクタンスを無視できるまで小さくしなければなりません。つまり配線は短く、太く、です。

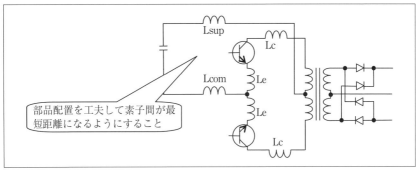

〔図4-12〕漂遊インダクタンスの削減

　キャパシタとトランスの中点、トランスからトランジスタのコレクタ、トランジスタのエミッタからリターン、そしてリターンからキャパシタ、これらの各々の間の配線のインダクタンスを小さくしなければなりません。そのためには、これらの部品を至近距離に配置しなければなりません。トランスのリード線はトランスの一部ではなく配線の一部です。極力短くしなければなりません。

スイッチング素子は放熱しなければならないので基板の外に置き、基板から配線を引っ張ることが多く、配線が長くなる傾向にありますが、配置を工夫して短くしなければなりません。どうしても長くなるときは幅の広い導体を使うなどしてインダクタンスを抑えます。

今まではスイッチ・オンを論じましたが、スイッチ・オフの時も電流変化によりインダクタには大きな電圧が生じ、ノイズを撒き散らし、場合によっては過渡電圧がスイッチング素子の耐圧を超えてしまいます。売り物でやってはいけませんが、試しにトランスとスイッチ素子の間の配線を長くしてみて下さい。びっくりするような電圧が生ずるのを実感できます。

４．１．７　キャパシタ・バンク

キャパシタ・バンクの容量の決定は意外と面倒です。試作段階でキャパシタ・バンクの効きを確かめた上で製品用の容量を決定するのが現実的な解でしょう。基本的な考え方は、スイッチ・オンの立ち上がりの間はキャパシタ・バンクから電力を供給することです。

実例で考えましょう。
スイッチ素子の立ち上がり時間を求めます。
MOSFET の IRHMS57160 を例にとります。

	Parameter	Min	Typ	Max	Units	Test Conditions
Electrical Characteristics @ Tj = 25°C (Unless Otherwise Specified)						
$t_{d(on)}$	Turn-On Delay Time	—	—	35		V_{DD} = 50V, I_D = 45A
t_r	Rise Time	—	—	125	ns	V_{GS} =12V, R_G = 2.35Ω
$t_{d(off)}$	Turn-Off Delay Time	—	—	75		
t_f	Fall Time	—	—	50		

IRHMS57160 Radiation hardened Power MOSFET 24-Jul-2006
International Rectifier

〔図4-3再掲〕IRHMS57160 のスイッチング特性

Rise Time=125ns がオンの立ち上がり時間です。この期間の電力をキ

－ 109 －

□4. 一次系

ャパシタ・バンクから供給するとします。

　スイッチング素子の最大電流が3A だとします。
125ns の間、3A を流し続けるとすると、必要な電荷 q は、
$q=3A \times 125ns=375nQ$、です。
　放電した時の電圧降下の許容値を電源電圧の 1% の 0.2V とすると、

$$C = \frac{q}{E} = \frac{375nQ}{0.02V} = 18,800nF \rightarrow 20uF$$

結構大きな容量が必要になります。

　この計算は立ち上がり期間をキャパシタ・バンクで面倒を見、この期間を過ぎたら一次電源側から電力が供給されるという前提に立っています。問題は、キャパシタ・バンクがスイッチ回路に供給する電力に続いて、一次電源側からどれだけの速度で電力を供給できるかということです。この補充に時間がかかるなら、キャパシタ・バンクはさらに大きくしなければなりません

　スイッチング素子にFET を使う場合、スイッチング周波数は100kHz 程度あるいは、それより高いのが普通です。100kHz の周期は10us です。そこで一周期の間キャパシタ・バンクに頑張ってもらい、その間に無くなる分を一次電源側から供給することを考えます。それであればゆっくりとキャパシタ・バンクを充電してくれても良いわけです。

　たとえば、10us の間 3A を流し続けるとすると、必要な電荷は、
$q=3A \times 10ns=30uQ$ 。
　電源電圧降下 2V を認めるとすると必要なキャパシタの容量は、
$C = \frac{q}{E} = \frac{30uQ}{2V} = 15uF$ 、0.2V の電圧降下だと、$C = \frac{q}{E} = \frac{30uQ}{0.2V} = 150uF$ 、
となります。

　実際には現物で試験して確かめます。評価は効率で見るのが実際的で

- 110 -

す。キャパシタ・バンクの容量を増やして行きながら効率を求めます。
効率が頭打ちになれば、それ以上の容量は要りません。

　くどいようですがキャパシタ・バンクの配線のインダクタンスが増え
ないように気をつけて下さい。実験時は直接トランスの中点にキャパシ
タを繋いでゆき効率の良い点が得られたものの、さて製品にしてみたら
効率がよくならないという悲劇があります。プリント板にキャパシタを
実装したため、トランスとの配線長がキャパシタの直付けよりは長くな
り、またパターンが細くなってしまったためでした。結局プリント板は
再設計して作り直さざるを得ないようになります。

４．１．８　駆動回路

(1) トランジスタのベース駆動

(1.1) ベース・エミッタ間抵抗の設定

　トランジスタのベース回路設計は、ベース・エミッタ間抵抗の設定か
ら始めます。

　トランジスタはコレクタからベースへの漏れ電流があります。この漏
れ電流がベース駆動信号に化けてコレクタ電流を増加させないようにし
ます。

　2N5672 のデータ・シートを引用します。

ELECTRICAL CHARACTERISTICS (con't)			Symbol	Min.	Max.	Unit
Characteristics			**Symbol**	**Min.**	**Max.**	**Unit**
OFF CHARACTERISTICS (con't)						
Collector-Base Cutoff Current						
V_{CB} = 120 Vdc	2N5671		I_{CBO}		25	mAdc
V_{CB} = 150 Vdc	2N5672				25	

2N5671,2N5672　Microsemi　NPN High Power Silicon Transistor

〔図 4-13〕2N5672 の漏れ電流

　I_{CBO} はエミッタ・オープンのときのコレクタ・ベース間の漏れ電流で

－ 111 －

□4. 一次系

す。この電流をベース・エミッタ間に抵抗を挿入して流し、抵抗端に生ずる電圧がベース・エミッタ間のダイオードのバンド・ギャップ電圧 0.6V を超えないようにします。

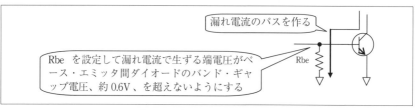

〔図 4-14〕漏れ電流の補償

抵抗値の最大値は、$Rbe = \dfrac{0.6V}{25mA} = 24\Omega \rightarrow 24\Omega(E24系列)$、となります。

ベースを駆動するとき、ベース電流を増してゆくと、始めはベース・エミッタ間抵抗に電流が流れベースには流れ込みません。さらに電流を増して行きベース・エミッタ間抵抗の端電圧が 0.6V を超えると初めてベース電流が流れ出します。つまり、ベース・エミッタ間抵抗に流す電流 25mA が無駄電流となります。

I_{CBO} 及びベース・エミッタ間ダイオードのバンド・ギャップ電圧は温度によって変動しますから、厳密には使用全温度範囲のデータを探してきて使うべきですが、必ずしもデータ・シートでは得られません。しかし 25℃と断っている電気的特性のデータを使って実用上問題はありません。もし心配ならバンド・ギャップ電圧を 0.5V から 0.7V とみて計算します。

<コラム>ベース・エミッタ間抵抗
　ベース・エミッタ間抵抗は漏れ電流の補償のために挿入する抵抗でベース駆動に限ってみれば、無駄電流なのですが、信号インタフェースにこれを利用すると回線ノイズに対する耐性を稼ぐことが出来ます。

オン・オフ信号をトランジスタ 2N2222A で受信することを想定してみます。2N2222A はコレクタ電流 Ic=10mA、コレクタ・エミッタ間電圧 Vce=10V での直流増幅率は最低でも hfe=100、最高 hfe=300 にも達します。コレクタ電流 10mA を流すに必要なベース電流は多くて、$Ib = \frac{10mA}{100} = 100uA$ 、少なければ、$Ib = \frac{10mA}{300} = 33uA$ 、です。ごく微小な電流でオンになることが分かります。これではインタフェース線に僅かのノイズが載ってもオンになってしまう可能性があります。

　このトランジスタは漏れ電流も小さいのでベース・エミッタ間抵抗は 40kΩ 程度でも十分に役立ちます。ベース・エミッタ間抵抗に流れる電流はせいぜい 20uA 程度の微々たるものです。
　ここでベース・エミッタ間に 600Ω の抵抗を挿入してみます。$Ibe = \frac{0.6V}{600\Omega} = 1mA$ 、ですから、インタフェース線に 1mA を超える電流が流れるまではトランジスタはオンにはなりません。この分だけ回線が受けるノイズに対する耐性が増すのです。

(1.2) ベース抵抗の設定
　次にベース抵抗を決めます。

　スイッチする最大電流を、使用する温度範囲と電流範囲における最低の直流増幅率、hfe、で割って、スイッチングに必要なベース電流を求めます。これにベース・エミッタ間抵抗に流す電流を足したものが駆動に必要な電流です。駆動電源電圧を、この電流値で割ればベース抵抗が決まります。

　スイッチング・トランジスタは 2N5672、最大コレクタ電流を 3A としましょう。
　2N5672 の直流増幅率、hfe、は次のとおりです。

□4. 一次系

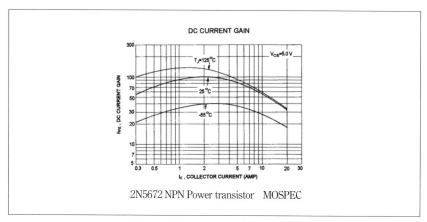

〔図 4-15〕2N5672 の直流増幅率

　最低使用温度がマイナス 11℃だとしましょう。マイナス 11℃の曲線はありません。内挿する手もありますが、この程度の曲線から精度よく内挿するのは難しいので、確かなデータが得られるマイナス 55℃の曲線を使います。

　マイナス 55℃の曲線、コレクタ電流 3A で、hfe=40、が得られます。必要なベース電流は、$Ib = \dfrac{3A}{40} = 75mA$ 、です。

　駆動に必要な電流 Id は、ベース・エミッタ間抵抗を 24Ω とすれば、$Id = 75mA + \dfrac{0.6V}{24\Omega} = 75mA + 24mA = 99mA$ 、です。

　駆動回路系は次図のとおりです。PWM IC は UC1825 としましょう。

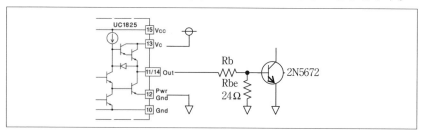

〔図 4-16〕ベース・エミッタ間抵抗の設定

駆動電源電圧 Vc は 15V とします。Vc=15V のときの出力電圧特性は次のとおりです。

PARAMETERS	TEST CONDITIONS	UC1825/UC2825 MIN	TOP	MAX	UC3825 MIN	TOP	MAX	UNITS
Output Section								
Output Low Level	I_{OUT} = 20mA		0.25	0.40		0.25	0.40	V
	I_{OUT} = 200mA		1.2	2.2		1.2	2.2	V
Output High Level	I_{OUT} = -20mA	13.0	13.5		13.0	13.5		V
	I_{OUT} = -200mA	12.0	13.0		12.0	13.0		V

UC1825 Mar-2004　Texas Instruments　HIgh Speed PWM Controller

〔図 4-17〕UC1825 の出力特性

出力電流が 220mA なら最低でも 12.0V が確保されます。

PWM IC の出力電圧 Vc_pwm からスイッチング・トランジスタのベース・エミッタ間電圧 Vbe を引いた電圧を、ベース駆動電流 Id で割ってベース抵抗 Rb を求めます。

$$Rb = \frac{Vc\_pwm - Vbe}{Id} = \frac{12V - 0.7V}{99\,mA} = 114\,\Omega \rightarrow 110\,\Omega (E24系列)$$

駆動回路は次のようになりました。

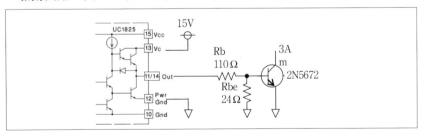

〔図 4-18〕ベース抵抗の設定

これでベースまわりの設計は終わるのですが、いくつかの注意点を記しておきましょう。

□4. 一次系

(1.3) トランジスタのベース・エミッタ間電圧

　トランジスタのベース・エミッタ間電圧は 0.7V としましたが、データ・シートにはこの値は出ていません。

| ELECTRICAL CHARACTERISTICS (T_C = 25⁰C unless otherwise noted) ||||||
Characteristics		Symbol	Min.	Max.	Unit
ON CHARACTERISTICS ⁽³⁾					
Forward-Current Transfer Ratio 　I_C = 15 Adc, V_{CE} = 2.0 Vdc 　I_C = 20 Adc, V_{CE} = 5.0 Vdc		h_{FE}	20 20	100	
Collector-Emitter Saturation Voltage 　I_C = 15 Adc, I_B = 1.2 Adc 　I_C = 30 Adc, I_B = 6.0 Adc		$V_{CE(sat)}$		0.75 5.0	Vdc
Base-Emitter Saturation Voltage 　I_C = 15 Adc, I_B = 1.2 Adc		$V_{BE(sat)}$		1.5	Vdc
2N5671, 2N5672　Microsemi　NPN High Power Silicon Transistor					

〔図 4-19〕2N5672 のベース・エミッタ間電圧

　ベース・エミッタ間飽和電圧が最大 1.5V としか出ていません。この値をそのままベース・エミッタ間電圧とするととんでもないことになります。問題は試験条件のベース電流値です。私たちが回路を設計する場合のベース電流は大抵の場合これよりベース電流は小さいので、電流比例分の電圧は小さくベース・エミッタ間電圧はデータ・シートの値より小さくなるからです。

　トランジスタのベース・エミッタ間はダイオード・モデルで置き換えられます。ダイオードの電圧対電流特性は、本来は指数関数的なのですが、電圧源と抵抗を直列接続した、折れ線モデルで近似すれば十分実用になります。

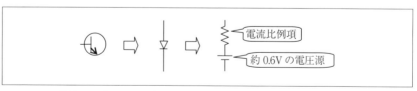

〔図 4-20〕トランジスタのベース・エミッタ間特性の近似

約 0.6V の電圧源は、シリコン・ダイオードにつきもののバンド・ギャップ電圧です。これも厳密には温度によって変化します。0.6V 一定で心配なら 0.5V から 0.7V くらいの範囲で値を振って考えます。データ・シートでは、IB=1.2Adc,の条件下でダイオードの端電圧が 1.5V ですから、ダイオードの抵抗 Rd は次と求められます。$Rd = \dfrac{1.5V - 0.6V}{1.2A} = 0.75\Omega$ 。

　ここの例ではベース電流は 99mA でした。この電流で生ずる電圧は、$0.75\Omega \times 99mA = 74mV$、ですから、これを電圧源 0.6V に加算すると、ベース・エミッタ間電圧は、$0.6V + 0.074V \cong 0.7V$、となりますから、0.7V として設計を進めたのです。

　ベース電流が大きくなればダイオードの抵抗分を無視することは出来ないのですが、最近、大電力の場合は IGBT を使いますから、大きなベース電流を流してトランジスタを使うことはまずありません。

(1.4) PWM IC の漏れ電流
　PWM IC のドライブ段はオフでも若干の電流が流れ出ます。これでスイッチング・トランジスタが勝手にオンになることがないか確認します。

ELECTRICAL CHARACTERISTICS: Unless otherwise stated, these specifications apply for , RT = 3.65k, CT = 1nF, Vcc = 15V, -55°C<TA<125°C for the UC1825, −40°C<TA<85°C for the UC2825, and 0°C<TA<70°C for the UC3825, TA=TJ.

PARAMETERS	TEST CONDITIONS	UC1825 UC2825			UC3825			
		MIN	TOP	MAX	MIN	TOP	MAX	UNITS
Output Section								
Collector Leakage	Vc = 30V		100	500		10	500	μA

UC1825 Mar-2004　Texas Instruments　HIgh Speed PWM Controller

〔図 4-21〕UC1825 の漏れ電流

　Vc=30V の時のデータしかありませんが最大 500uA 流れ出ることがあるということです。もしスイッチング・トランジスタのベース・エミッタ間抵抗を 1.2kΩ とすると、$1.2k\Omega \times 500uA = 0.6V$、ですから、漏れ電流で勝手にトランジスタがオンになってしまう理屈です。上の設計例で

□4. 一次系

はベース・エミッタ間抵抗を 24Ω としていますから問題はありません。

(1.5) 実用温度での過大ベース電流
　例題では、最大コレクタ電流を 3A、hfe はマイナス 55℃の時の値 40 を使い、ベース電流を 75mA としました。現実には機器は殆ど常温で使います。

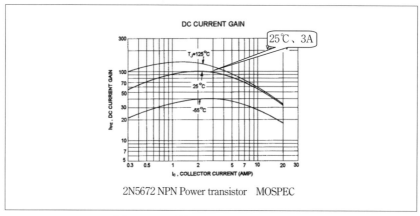

〔図 4-15 再掲〕2N5672 の直流増幅率

　25℃、コレクタ電流 3A の hfe は約 100 です。hfe=100 のときに必要なベース電流は、$Ib = \dfrac{3A}{100} = 30mA$ 、ですから、25℃では 45mA も過剰にベース電流を流すことになります。
　ただ、この値はデータ・シートのスイッチング時間測定時のベース電流値と比べれば微々たるものなのでスイッチング特性を気にすることはありません。

　ちなみに 2N5672 のスイッチング特性を次に示しておきます。

ELECTRICAL CHARACTERISTICS (T_C = 25°C unless otherwise noted)				
Characteristics	Symbol	Min.	Max.	Unit
SWITCHING CHARACTERISTICS				
Turn-On Time V_{CC} = 30 ± 2.0 Vdc; I_C = 15 Adc; I_{B1} = 1.2 Adc	t_{on}		0.5	µs
Turn-Off Time V_{CC} = 30 ± 2.0 Vdc; I_C = 15 Adc; I_{B1} = I_{B2} = 1.2 Adc	t_{off}		1.5	µs

2N5671,2N5672　Microsemi　NPN High Power Silicon Transistor

〔図 4-1 再掲〕2N5672 のスイッチング特性

　データ・シートの試験条件のベース電流は 1.2A と巨大ですから、こ
こに示されたスイッチング時間を使っている限りベース電流のことを気
にすることはありません。

(1.6) 旧型 PWM IC の駆動回路

　PWM IC には UC1825 を例に採りました。この IC は MOS FET の駆動
を前提として設計されており、駆動段はトーテム・ポール構成になって
います。古い PWM IC ではトランジスタの駆動を前提に設計されており、
駆動回路がトーテム・ポールになっていないものが殆どです。

　製造中止になった TL494 を例に採ってみましょう。

□4. 一次系

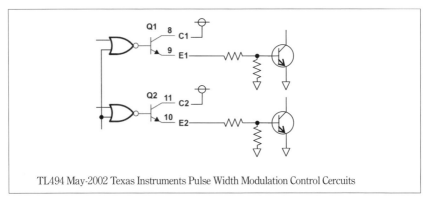

〔図 4-22〕TL494 の駆動回路

　この IC の駆動回路はトランジスタ 1 ケです。Hi で駆動するには上図のようにエミッタ・フォロワの形で使います。Lo で駆動する場合はエミッタを接地して使います。

　現代の PWM IC は MOS FET のゲート駆動を意識して作られています。MOS FET 駆動の最大問題は大きなゲート容量の充放電です。このため PWM IC の出力段は Hi でも Lo でも低い出力インピーダンスを確保するためにトーテム・ポール出力になっています。

(2) FET のゲート駆動
(2.1) 駆動電圧
　MOS FET の場合はまず駆動電圧の設定から始めます。
　トランジスタはベース電流で操作しますが、MOS FET はゲート電圧で操作します。

　駆動電圧は FET のゲート・ソース間電圧の絶対最大定格で決まります。
　IRHMS57160 を例に採りましょう

Absolute Maximum Ratings			Pre-Irradiation
	Parameter		Units
VGS	Gate-to-Source Voltage	±20	V

IRHMS57160 Radiation hardened Power MOSFET 24-Jul-2006
International Rectifier

〔図 4-23〕IRHMS57160 のゲート・ソース間電圧

　ゲート・ソース間電圧の絶対最大定格は 20V です。電圧ディレーティングを 80% とすれば 16V まで加えて良いということになります。

　PWM IC は 15V で駆動する前提で作られているようでデータ・シートの電気的特性も 15V を前提として作られています。最大ゲート・ソース間電圧が 16V であれば PWM IC を 15V で使うことが出来ます。

　もしゲート・ソース間電圧が 15V 以下しか許されない場合、PWM IC の駆動段の電源電圧を下げるしか手がありません。PWM IC の出力を抵抗で分圧して加えても良さそうですが、後述のゲート・ソース間容量の充放電のために PWM IC 駆動段とゲートを低抵抗でつながらなければならないので出来ない相談です。耐圧のある FET を選定してください。

(2.2) ゲート抵抗
　PWM IC 駆動段とゲートの間の直列抵抗を決めます。これはゲート容量の充放電時に流れる大電流のピーク値を抑えるためのもので、FET の保護ではなく FET 駆動回路の保護のためです。

　FET のゲート駆動の最大の問題はゲート容量の充放電です。
　International Rectifier の IRHMS57160 のデータ・シートを見てみましょう。

□4. 一次系

Parameter		Min	Typ	Max	Units	Test Conditions
C_{iss}	Input Capacitance	—	6270	—		V_{GS} = 0V, V_{DS} = 25V
C_{oss}	Output Capacitance	—	1620	—	pF	f = 100KHz
C_{rss}	Reverse Transfer Capacitance	—	35	—		

Electrical Characteristics @ Tj = 25°C (Unless Otherwise Specified)

IRHMS57160 Radiation hardened Power MOSFET 24-Jul-2006
International Rectifier

〔図 4-24〕IRHMS57160 の寄生容量

　入力容量は 6270pF もあります。オンにする際はこのキャパシタを瞬時に充電し、オフする際は瞬時に放電しなければなりません。このためには電源とリターンとをゲートに直結するように切り替える回路が必要です。

　最近の MOSFET 駆動を前提とした制御用 IC の出力段はこれを意識した回路になっています。
　Texas Instruments 社の UC1825 を見てみましょう。

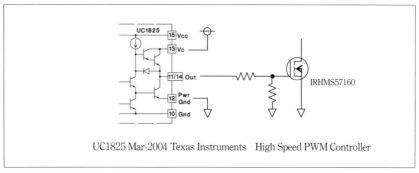

UC1825 Mar-2004 Texas Instruments　High Speed PWM Controller

〔図 4-25〕FET のゲート駆動

　オンの場合は上側のトランジスタがオンになり電源とゲートを直結しゲート・キャパシタを充電し、オフの場合は下のトランジスタがオンになってゲートを直結してゲート・キャパシタの電荷を抜き取るようになっています。

FETのゲート・キャパシタの充放電を意識してトランジスタ用の制御ICと比較すると、駆動電流がぐんと大きくとられています。

〔図 4-26〕UC1825 の出力電流

　2.0A に対して 80% の電流ディレーティングを適用すると最大電流を 1.6A に抑える必要があります。

　駆動電源電圧を 15V とし、駆動最大電流を 1.6A に抑えるとすると、電流制限に必要なゲート抵抗 Rg の値は、
$Rg = \dfrac{15V}{1.6A} = 9.375\Omega \rightarrow 10\Omega (E24系列)$ 、です。

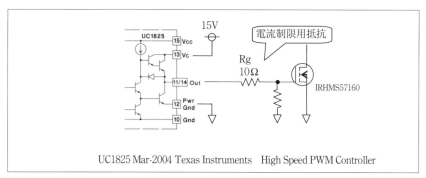

〔図 4-27〕ゲート直列抵抗の設定

　UC1825 の出力電圧は内部の電圧降下のため 15V ではなく、それより低くはなるのですが、その最大値がいくらかは分からないので 15V そのものが出力されるとして計算しました。

□4. 一次系

　電流制限用抵抗は必要なのですが、この抵抗と入力キャパシタの容量 6270pF とが作る充放電の時定数は、$10Ω \times 6270pF=63ns$、と結構大きな値になります。

　63ns の 3 倍は 189ns です。スイッチング周波数を 100kHz とするとスイッチング周期の約 2% ですが、500kHz とすると 10% 近くなってしまいます。

(2.3) ゲート・ソース間抵抗
　PWM IC の駆動回路には漏れ電流があります。FET のゲート・ソース間を開放にしておくと、この漏れ電流により電圧が加わり勝手にオンになってしまいます。これを防止するためにゲートとソース間に抵抗を挿入します。

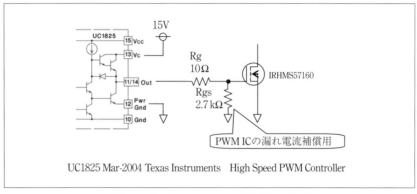

〔図 4-28〕ゲート・ソース間抵抗の設定

　抵抗 Rgs の値は、PWM IC の漏れ電流と Rgs の積で生ずる電圧で FET がオンにならなければ良いという条件で求めます。

　UC1825 の漏れ電流は次のとおり、全温度範囲で最大 500uA です。

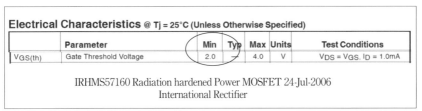

〔図 4-21 再掲〕UC1825 の漏れ電流

IRHMS57160 のゲート特性は次のとおりです。

〔図 4-29〕IRHMS57160 のゲート・スレッショルド電圧

これからは 2.0V となりますが、ここではワーストケースとして宇宙機で適用する場合を想定して放射線による劣化を考慮し、次に示す放射線照射後の 1.5V を使いましょう。

〔図 4-30〕IRHMS57160 のゲート・スレッショルド電圧

ゲート・ソース間抵抗は次のようになります。

$$Rgs = \frac{1.5V}{500uA} = 3k\Omega \rightarrow 2.7k\Omega\,(E24系列)$$

この抵抗は PWM IC の出力段の漏れ電流補償用ですが、実はもっと大

□4. 一次系

切な役目を持っています。

　電源が入っていてスイッチングが続く限り FET のゲートは常に PWM IC の出力段の低いインピーダンスに繋がれていますが、電源をオフにすると PWM IC 出力段の低いインピーダンスは期待できません。MOS FET はゲート・ソース間を開放にすると電荷が貯まってゲートが破壊されますから保護が必要です。ゲート・ソース間抵抗は機器のオフ時にゲートとソース間を短絡し電荷が溜まるのを防ぎ、FET を保護します。

　FET は実装するまでは導電性のウレタン・シートに差し込んでおかなくてはならないが、実装したら問題ないと言われています。実装した状態では通常ゲートとソース間に抵抗がつながれているからです。もし抵抗がないと、この言葉は意味を持ちません。

＜コラム＞電源オフ時、過渡時の回路設計
　電子回路の設計者は得てして動作状態の設計しかしません。電源がオフのとき、電源を投入して動作するまでの間、逆に電源を切ってからオフになるまでの動作に無頓着なケースがあります。

　ここに出てきた FET のゲート駆動回路は電源が入っている限りは FET のゲートを低いインピーダンスに保ってくれるのですが、電源を切った途端にその保証はなくなり、FET のゲートが破壊される恐れが出てくるのです。ゲートとソース間に有限値の抵抗が入っている限り FET は保護されます。

　バルブのスイッチ回路を設計するとき、例えばトランジスタを NPN、NPN と接続すると論理が反転します。論理が反転すると電源オンの過渡時に一瞬ですが出力にバルブ・オンの信号が出てしまいます。バルブの操作対象が毒性のガスだと危険です。こういうときは PNP、NPN と組み合わせれば同相で動くので電源投入時の誤出力を防ぐことができま

す。

　電子回路は電源オンの時だけでなく、電源オフ状態、過渡状態でも設計しなければなりません。

(2.4) ゲート回路の配線
　過渡時のゲート電流が大きいので問題になるのがゲート回路の配線が持つインダクタンスです。電流が大きく、かつその変化が大きいので配線のインダクタンスによる電圧降下でゲート駆動波形が鈍ります。ゲート駆動波形が鈍るとスイッチング波形が理想的な方形波から外れてきて、効率が下がり、スイッチング素子の発熱が大きくなります。PWM IC のゲート駆動回路と FET のゲート間は、極力短く、かつ太いパターンとして配線のインダクタンスの削減に努めます。

4.2　PWM IC
　PWM 電源の立役者は PWM 制御 IC です。この IC の出現で PWM DCDC コンバータが実用化されたと言っても過言ではありません。事実この IC の機能をディスクリート部品で作ることを考えると、気が遠くなるほどではありませんが、面倒です。

　IC は PWM 制御用に次の機能を持っています。
　　スイッチング周波数設定
　　デッド・タイム設定
　　電圧誤差検出と誤差増幅
　　誤差検出用基準電源
　　スイッチング信号発生
　　スイッチング素子駆動
　　ソフト・スタート設定
　　過電流検出とシャット・ダウン
　低電圧シャット・ダウンなどの付加機能を持ったものもありますが、

□4. 一次系

どのICも上記の機能は内蔵しています。

　制御用ICの使い方は、データ・シートどおりに使いなさい、の一言で終わってしまいますが、機能について解説します。ここではTexas Instruments社のUC1825を例に採り、比較のために他の制御用ICのデータ・シートを必要に応じ引用することにします。

　Texas InstrumentsのUC1825の全体ブロック図を次に示します。

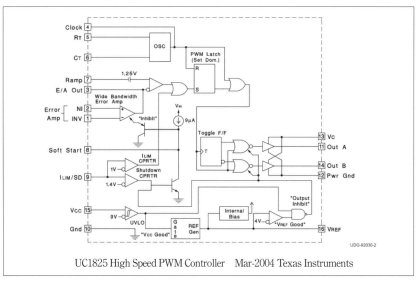

UC1825 High Speed PWM Controller　Mar-2004 Texas Instruments

〔図4-31〕UC1825 スケマチック・ダイアグラム

4.2.1　スイッチング周波数とデッド・タイム設定

　スイッチングに必要なクロック発振器を内蔵しています。発振器は簡単なCR発振器でノコギリ波を出力します。周波数設定用のCRは外付けで、設計者の望みの周波数に設定できるようにしてあります。

　全体ブロック図の中、この部分は次のとおりです。

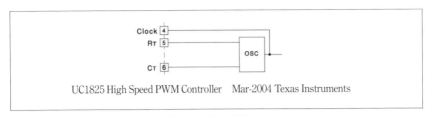

〔図 4-32〕発振回路

　R_T と C_T とあるのが、それぞれ発振周波数設定用の抵抗とキャパシタの接続点です。Clock 端子があり、クロックを外部で利用あるいはモニタできますが普通は必要としません。UC1825 の場合、デッド・タイムの設定が C_T のキャパシタで同時に設定されます。

　この部分の詳細は次のとおりです。

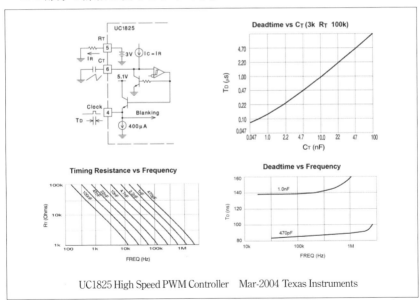

〔図 4-33〕デッド・タイムと周波数設定

　デッド・タイムは C_T で一方的に決まりますから、まずこれを決めな

□4. 一次系

ければなりません。

　デッド・タイムは、スイッチング、の項で検討した値を用いましょう。

　MOSFET の IRHMS57160 の場合は 125ns でした。これを Dead time vs C_T に当てはめると 1nF 弱です。ここで注意が要るのはキャパシタの容量誤差です。ここで使うキャパシタは通常セラミック・キャパシタです。小型、軽量かつ安価です。通常セラミック・キャパシタの誤差は、初期値が± 10%、温度誤差が± 10% はあります。双方を合わせると± 20% の誤差があります。この誤差を見込んでおかなければなりません。1nF の場合、容量が 20% 減ると 0.8uF です。1uF 弱で OK と見なしましたから、良しとしましょう。

　デッド・タイム設定で求めたキャパシタ C_T の値を Timing Resistance vs Frequency のグラフに当てはめて抵抗 R_T を求めます。スイッチング周波数を 100kHz とします。C_T は 1nF としました。グラフからは 1.6kΩ 程度と読めます。E24 系列で選定すれば、ずばり 1.6kΩ があります。

　デッド・タイムのところで考察したキャパシタの容量誤差はスイッチング周波数の誤差にも効いてきます。周波数はキャパシタの誤差に従ってプラス・マイナス 20% 変わりうるということです。周波数自体が少々変わるのはスイッチング自体には問題ありません。しかし、周波数が変わるとスイッチング周期が変わり、これに従ってスイッチング周期に対するデッド・タイムの比が変動するので最大デューティを小さく設定しなければならないという問題が生じます。

　この IC では、C_T が大きくなるとデッド・タイムは大きくなりますが、同時にスイッチング周期も C_T に比例して長くなりますから、スイッチング周期に対するデッド・タイムの比は変わらないので、特に配慮しなくて済みます。

　デッド・タイムとスイッチング周波数を別々に設定する IC の場合は

- 130 -

注意して下さい。

UC1825 の電気的特性から実例を引用します。

ELECTRICAL CHARACTERISTICS: Unless otherwise stated, these specifications apply for, RT = 3.65k, CT = 1nF, Vcc = 15V, -55℃<TA<125℃ for the UC1825, -40℃<TA<85℃ for the UC2825, and 0℃<TA<70℃ for the UC3825, TA=TO.

PARAMETERS	TEST CONDITIONS	UC1825 UC2825 MIN	TOP	MAX	UC3825 MIN	TOP	MAX	UNITS
Oscillator Section								
Initial Accuracy*	TJ = 2℃	360	400	440	360	400	440	kHz
Voltage Stability*	10V < Vcc < 30V		0.2	2		0.2	2	%
Temperature Stability*	TMIN < TA < TMAX		5			5		%
Total Variation*	Line, Temperature	340		460	340		460	kHz
Oscillator Section (cont.)								
Clock Out High		3.9	4.5		3.9	4.5		V
Clock Out Low			2.3	2.9		2.3	2.9	V
Ramp Peak*		2.6	2.8	3.0	2.6	2.8	3.0	V
Ramp Valley*		0.7	1.0	1.25	0.7	1.0	1.25	V
Ramp Valley to Peak*		1.6	1.8	2.0	1.6	1.8	2.0	V

* This parameter not 100% tested in production but guaranteed by design.

UC1825 High Speed PWM Controller　Mar-2004 Texas Instruments

〔図 4-34〕周波数変動

$R_T = 3.65\mathrm{k}\Omega$、$C_T = 1\mathrm{nF}$ でスイッチング周波数 400kHz を狙ったデータです。-55℃から +125℃の全範囲では±15%の誤差が生じます。

UC1825 の C_T 端子ですが、通常の使い方ではピン 7 につなぐよう指示されています。

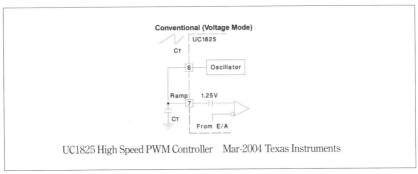

UC1825 High Speed PWM Controller　Mar-2004 Texas Instruments

〔図 4-35〕CT 端子の処理

□4. 一次系

　トランジスタ 2N5672 の場合のデッド・タイムは 2us でした。Deadtime vs C_T に当てはめると 22nF 弱という大きな値が必要です。Timing Resistance vs Frequency のグラフに当てはめるとスイッチング周波数 30kHz として抵抗 R_T は 2kΩ 程度です。これでも動作するのですが、Deadtime vs C_T のグラフは R_T が 3kΩ から 100kΩ の範囲と断っているので、デッド・タイムの保証がデータ・シート上ではされないのが気になる点です。

　UC1825 は MOSFET の駆動を意識した高いスイッチング周波数を前提とした設計になっています。トランジスタ向きではないのです。今は無くなってしまいましたが一世を風靡した Texas Instruments 社の TL494 とか Microsemi 社の SG1526 等がトランジスタを使う場合には向いています。ここで記したようにデッド・タイムとスイッチング周波数あるいはスイッチング周期の選定が難しい場合は、その IC はスイッチング素子との相性が悪いのだと考えて下さい。

4.2.2　電圧誤差検出と誤差増幅

　基準電圧との誤差を検出する部分です。この出力にしたがってパルス幅が制御されます。

　全体ブロック図の中、この部分は次のとおりです。

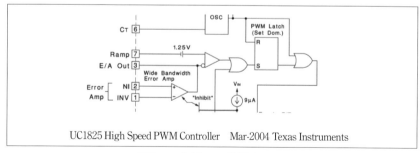

〔図 4-36〕電圧誤差検出回路

　端子 2、NI は、Non Inverting の略で非反転入力、端子 3、INV、は Inverting の略で反転入力、普通のオペ・アンプと同じです。端子 3、E/

A Out、にアンプ出力が用意されおり入力に帰還をかけて利得設定や周波数特性の補償ができます。

この部分の詳細と電気的特性は次のとおりです。

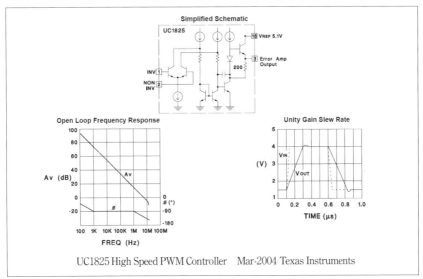

〔図4-37〕電圧誤差検出の電気的特性

PARAMETERS	TEST CONDITIONS	UC1825 UC2825 MIN	UC1825 UC2825 TOP	UC1825 UC2825 MAX	UC3825 MIN	UC3825 TOP	UC3825 MAX	UNITS
Error Amplifier Section								
Input Offset Voltage				10			15	mV
Input Bias Current			0.6	3		0.6	3	µA
Input Offset Current			0.1	1		0.1	1	µA
Open Loop Gain	1V < Vo < 4V	60	95		60	95		dB
CMRR	1.5V < V_CM < 5.5V	75	95		75	95		dB
PSRR	10V < Vcc < 30V	85	110		85	110		dB
Output Sink Current	V_PIN 3 = 1V	1	2.5		1	2.5		mA
Output Source Current	V_PIN 3 = 4V	-0.5	-1.3		-0.5	-1.3		mA
Output High Voltage	I_PIN 3 = -0.5mA	4.0	4.7	5.0	4.0	4.7	5.0	V
Output Low Voltage	I_PIN 3 = 1mA	0	0.5	1.0	0	0.5	1.0	V
Unity Gain Bandwidth*		3	5.5		3	5.5		MHz
Slew Rate*		6	12		6	12		V/µs

UC1825 High Speed PWM Controller　Mar-2004 Texas Instruments

〔図4-38〕電圧誤差検出の電気的特性

□4. 一次系

　オープン・ループ利得、Open Loop Gain、は 95dB という高さです。
この結果 0dB 利得は 2MHz 以上の周波数です。これだけの高利得アン
プが内蔵されているということなので、リターンの高周波電位の安定、
プリント・パターン作成に細心の注意が必要です。

　データ・シートには次のような注意事項が書かれていますので遵守し
ます。

Printed Circuit Board Layout Considerations　　　　　　　　　**UC3825**

High speed circuits demand careful attention to layout and component placement. To assure proper performance of the UC1825 follow these rules: 1) Use a ground plane. 2) Damp or clamp parasitic inductive kick energy from the gate of driven MOSFETs. Do not allow the output pins to ring below ground. A series gate resistor or a shunt 1 Amp Schottky diode at the output pin will serve this purpose. 3) Bypass Vcc, Vc, and VREF. Use 0.1μF monolithic ceramic capacitors with low equivalent series inductance. Allow less than 1 cm of total lead length for each capacitor between the bypassed pin and the ground plane. 4) Treat the timing capacitor, CT, like a bypass capacitor.

　　　UC1825 High Speed PWM Controller　　Mar-2004 Texas Instruments

---

〔図 4-39〕実装上の注意

　全体はリターン電位のグランド・プレーンの上に組み立てるのがベス
トです。多層基板を使うほどの複雑な回路ではないので両面基板程度で
十分ですが、一面をリターン電位のベタ・パターンにします。グランド・
プレーンの電位は結構デリケートなものです。電磁適合性の項で触れま
す。

　さて信号の接続ですが、誤差アンプの電源電圧は 5V なので、入力点
の電圧はその半分の 2.5V となるようにします。

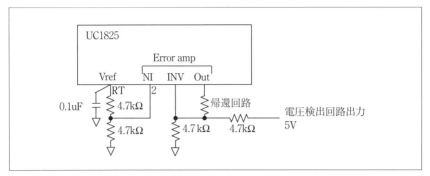

〔図 4-40〕基準電圧と電圧検出出力の接続

　誤差検出の基準になる電圧源 Vref を非反転入力 NI に、電圧検出回路出力を反転入力 INV に接続するのが普通ですし、分かりやすいと思います。

　抵抗器の絶対値の選定には自由度があるのですが、ここに示した程度が良いと思います。帰還回路と記した部分に帰還抵抗器を入れて利得を設定するとしてここに容易に入手できる上限に近い抵抗値 300kΩ 程度を当てはめるとすると、利得をアンプのオープン利得 95dB 近くに設定できる値は 3kΩ 近傍となります。この辺りであれば利得設定が容易だというのが理由です。電流そのものは 5V に対して 10kΩ であれば 0.5mA ですから供給元の負荷にはなりません。

　非反転入力 NI と反転入力 INV のそれぞれの端子から見た合成抵抗値は等しくなるようにします。オペ・アンプの入力抵抗の扱いと同じです。ただしあまり固執する必要はありません。ほぼ等しければ十分です。

4.2.3　誤差検出用基準電源

　出力電圧を一定に制御するためには参照となる安定な電源が必要です。これが基準電源です。一次電源電圧に 28V 近傍を想定した PWM DCDC 電源用の制御 IC では殆どが 5V です。基準電源ですが同時に IC

□4. 一次系

内部回路の電源として使われています。ただし素子によっては異なるものもあるのでデータ・シートで確認してください。

全体ブロック図中、この部分は次のとおりです。

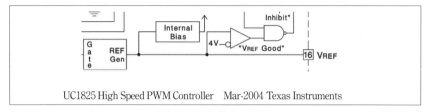

〔図 4-41〕基準電源

電気的特性は次のとおりです。

PARAMETERS	TEST CONDITIONS	UC1825 UC2825 MIN	TOP	MAX	UC3825 MIN	TOP	MAX	UNITS
Reference Section								
Output Voltage	To = 25°C, Io = 1mA	5.05	5.10	5.15	5.00	5.10	5.20	V
Line Regulation	10V < Vcc < 30V		2	20		2	20	mV
Load Regulation	1mA < Io < 10mA		5	20		5	20	mV
Temperature Stability*	TMIN < TA < TMAX		0.2	0.4		0.2	0.4	mV/°C
Total Output Variation*	Line, Load, Temperature	5.00		5.20	4.95		5.25	V
Output Noise Voltage*	10Hz < f < 10kHz		50			50		μV
Long Term Stability*	TJ = 125°C, 1000hrs.		5	25		5	25	mV
Short Circuit Current	VREF = 0V	-15	-50	-100	-15	-50	-100	mA

* This parameter not 100% tested in production but guaranteed by design.

UC1825 High Speed PWM Controller　Mar-2004 Texas Instruments

〔図 4-42〕基準電源の電気的特性

　総変動、Total Output Variation、は、ライン・レギュレーション、Line Regulation、ロード・レギュレーション、Load Regulation、それに温度安定度、Temperature Stability、をまとめたものとなっていますが、単純に算術和にはなっていません。

　ライン・レギュレーションの max は 20mV、ロード・レギュレーショ

- 136 -

ンの max は 20mV、温度安定度は係数が最大 0.4mV/℃、温度範囲が、
125℃−(−55℃)=180℃、から、0.4mV/℃×180℃ =72mV、なので総和は、
20+20+72=112mV、となり、出力電圧、Output Voltage、の最大値 5.15V
に足すと、5.26V と 5.20V より大きくなってしまいます。温度安定度の
係数を TOP の 0.2 としても 5.22V とちょっと大きくなります。Rss にし
て足すと近い値にはなります。

　ただし、ライン・レギュレーションはほぼ一定の電圧の電源で駆動す
れば無視できますし、ロード・レギュレーションは負荷が殆ど変わるも
のではないので無視できます。残るは温度による変動だけです。温度に
よる変動が気になるときに着目すればよいと思います。

　Vref の変動は二次出力電圧には次のような変動になって現れます。

$$\Delta Vout = Vout \bullet \frac{\Delta Vref}{Vref}$$

たとえば、出力電圧が 15V だとします。Vref の公称値のずれは 5.10 ±
0.05V ですから、$\Delta Vout = 15V \times \frac{0.05V}{5.1V} = 0.15V$ 、となり、出力電圧のノ
ミナル値は 15 ± 0.15V です。これは素子のバラツキによる値なので、で
き上がれば一定と考えてかまいません。

　一方、変動は総変動の値± 0.1V を使うと、
$\Delta Vout = 15V \times \frac{0.1V}{5.1V} = 0.29V$ 、です。最悪この程度は動くことがあると
考えておきます。ただしこれは交流的なものではないので、電源出力が
振動するという性質のものではありません。

4.2.4　スイッチング信号発生
　誤差アンプの出力とノコギリ波からスイッチング信号を発生する部分
ですが、ユーザーである私達が直接手を下す所はありません。内部にそ
ういう仕掛けがあるのです。
　全体ブロック図中、この部分は次のとおりです。

– 137 –

□4. 一次系

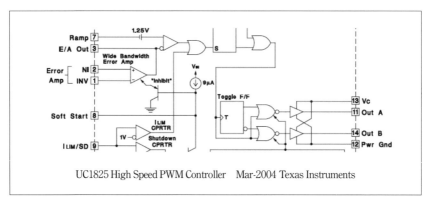

〔図 4-43〕スイッチング信号発生回路

　Toggle F/F というのがありますが、これはスイッチング信号を A と B に振り分けるためにあり、A と B に交互にパルスが出力され、プッシュ・プル駆動に対応します。

4．2．5　スイッチング素子駆動

　スイッチング素子であるトランジスタのベースあるいは FET のゲートを駆動するための回路です。

　全体ブロック図中、この部分は次のとおりです。

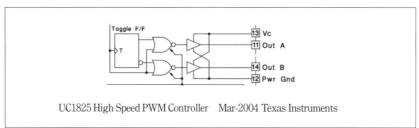

〔図 4-44〕スイッチング素子駆動回路

　出力段の説明図を次に示します。

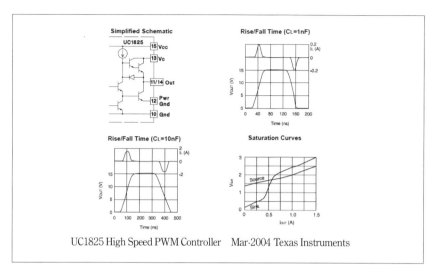

〔図4-45〕駆動出力特性

　Hiの場合は電源から直接駆動し、Loの場合はリターンに吸い込みます。いずれもトランジスタ・スイッチですが、電圧降下はゼロではなくSaturation Curvesの示すように意外と大きな電圧降下があります。

　電気的特性は次のとおりです。

ELECTRICAL CHARACTERISTICS: Unless otherwise stated, these specifications apply for, R_T = 3.65k, C_T = 1nF, V_{CC} = 15V, -55℃<T_A<125℃ for the UC1825, –40℃<T_A<85℃ for the UC2825, and 0℃<T_A<70℃ for the UC3825, T_A=T_J.

PARAMETERS	TEST CONDITIONS	UC1825 UC2825 MIN	UC1825 UC2825 TOP	UC1825 UC2825 MAX	UC3825 MIN	UC3825 TOP	UC3825 MAX	UNITS
Output Section								
Output Low Level	I_{OUT} = 20mA		0.25	0.40		0.25	0.40	V
	I_{OUT} = 200mA		1.2	2.2		1.2	2.2	V
Output High Level	I_{OUT} = -20mA	13.0	13.5		13.0	13.5		V
	I_{OUT} = -200mA	12.0	13.0		12.0	13.0		V
Collector Leakage	V_C = 30V		100	500		10	500	μA
Rise/Fall Time*	C_L = 1nF		30	60		30	60	ns

UC1825 High Speed PWM Controller　Mar-2004 Texas Instruments

〔図4-46〕駆動出力の電気的特性

□4. 一次系

　MOSFET をゲート駆動する場合、過渡時を除けば電流は殆ど流れないので、このデータをあまり使うことはないと思います。ゲート・ソース間の抵抗に流れる電流に対して出力電圧が確保されるかという確認に使うことになりましょう。

　FET 駆動の場合、入力容量の充放電電流を大きく確保できるかが重要です。これには絶対最大定格を見ます。

ABSOLUTE MAXIMUM RATINGS (Note 1)
Supply Voltage (Pins 13, 15). 30V
Output Current, Source or Sink (Pins 11, 14)
DC 0.5A
Pulse (0.5 s) 2.0A

UC1825 High Speed PWM Controller　Mar-2004 Texas Instruments

〔図 4-47〕駆動出力の絶対最大定格

　連続で 0.5A、0.5s のパルスで 2.0A とあります。2.0A という大きな値は FET のゲート駆動を意識して作られていることを伺わせます。80%のディレーティングを掛ければ 1.6A 流して使うことになります。

　FET のゲート駆動回路を考えます。

　ゲート・オン時、OUT 端子から PWM IC の電源電圧が出力されます。FET の入力容量の電荷はゼロですから FET のゲートは RTN に短絡されているのと同等です。この時 PWM IC のゲート駆動電流が絶対最大定格を超えないようにゲートに直列抵抗を挿入して電流を抑えます。

　ゲート駆動回路は次のとおりです。
　FET には International Rectifier の IRHMS57160 を用います。

－ 140 －

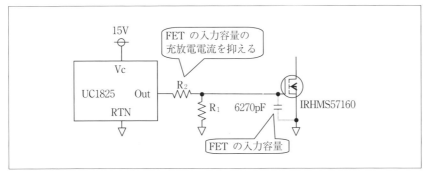

〔図4-48〕ゲート抵抗の設定

　PWM ICの電源電圧は15Vとします。
　UC1825の絶対最大定格は2.0Aです。80%のディレーティングを掛けて1.6Aを使うことにします。
　1.6A以上をOutから引き出さないための直列抵抗R_2の値は、
$R_2 = \dfrac{15V}{1.6A} = 9.4\Omega \rightarrow 9.1\Omega(E24系列)$ 、です。9.1Ωだと厳密には1.6Aを若干超えますが、超過分は0.05A、誤差3%程度なので実用上問題はありません。

　この抵抗値でスイッチ・オンの時定数もスイッチ・オフの時定数も決まってしまいます。ちなみに時定数は、9.1Ω×6270pF=57ns、です。波形がほぼ立ち上がる時定数の3倍をとると171nsと結構な値になります。駆動信号の立ち上がりと立ち下がりは、この程度の時間かかるということ、つまり方形波ではなく台形波になります。

　スイッチ・オン時点でFETの入力容量を充電するための巨大な電流を供給しなければなりません。1.6Aあるいは2Aといった大きな電流を供給できる電源を用意するのは大変ですから、キャパシタ・バンクに頼ります。PWM ICの電源端子のごく近傍にキャパシタを用意し、これで充電電流を賄います。

□4. 一次系

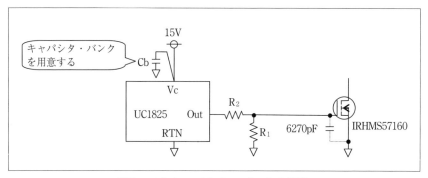

〔図4-49〕キャパシタ・バンクの用意

　この充放電電流を確実に流すことがFET駆動では大切なことなので、回路の持つ配線のインダクタンスを無視できるよう、配線を短く太くします。

充電時の電流経路は、
　　キャパシタ・バンク Cb → PWM IC 電源端子 Vc →
　　PWM IC 出力端子 Out → 電流制限抵抗 R_2 → FET ゲート →
　　FET ソース → キャパシタ・バンク Cb
放電時の電流経路は、
　　FET ゲート → 電流制限抵抗 R_2 → PWM IC 出力端子、Out →
　　PWM IC RTN → FET ソース
です。

　この間は極力短くなるよう素子の配置を考えて下さい。またパターンも太く短くしてください。
　電流は、電力源から出て電力源に戻る閉ループがあって初めて流れます。電流の戻る経路を忘れないでください。

　インダクタンスLに生ずる電圧は次式で求められます。

$$V_L = L \cdot \frac{di}{dt}$$

配線のインダクタンスが0.1uHあるとしましょう。電流変化が1.6A、ゲート回路の時定数が57nsの場合、$V_L = L \bullet \frac{di}{dt} = 0.1uH \times \frac{1.6A}{57ns} = 2.81V$ 、の電圧が生じます。

0.5uHもあると10Vを超えてしまいますからゲートに電圧が加わらないという事態になります。

4.2.6 ソフト・スタート設定

電源を投入した瞬間にドカンと大きな電流が流れないよう、ゆっくりと立ち上げるソフト・スタートの機能が用意されています。

全体ブロック図中、この部分は次のとおりです。

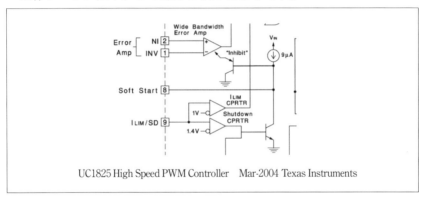

〔図4-50〕ソフト・スタート

データ・シートには、どこをどうせよとは何も書いていませんが、ピン8、Soft StartとRTN間にキャパシタを接続します。図の右上に9uAの定電流源があります。これでキャパシタを充電し時間を稼ぐのです。

電気的特性を次に示します。

□4. 一次系

PARAMETERS	TEST CONDITIONS	UC1825 UC2825			UC3825			UNITS
		MIN	TOP	MAX	MIN	TOP	MAX	
Soft-Start Section								
Charge Current	VPIN 8 = 0.5V	3	9	20	3	9	20	μA
Discharge Current	VPIN 8 = 1V	1			1			mA

ELECTRICAL CHARACTERISTICS: Unless otherwise stated, these specifications apply for , RT = 3.65k, CT = 1nF, Vcc = 15V, −55°C<TA<125°C for the UC1825, −40°C<TA<85°C for the UC2825, and 0°C<TA<70°C for the UC3825, TA=TJ.

UC1825 High Speed PWM Controller Mar-2004 Texas Instruments

〔図 4-51〕 ソフト・スタートの電気的特性

　定電流源も正確に 9uA ではなく最小 3uA、最大 20uA とありますから、立ち上がり時間を正確に制御するものではないことが分かります。ゆっくり立ち上がるというだけのことです。

　時間の目処は、定電流源 Ic でキャパシタ C を充電して行き、キャパシタ端の電圧がある電圧 Es に達する時間 t で推定します。
　次の関係が成り立ちます。

$$Is \bullet t = C \bullet Es$$

これから時間は次で求められます。

$$t = C \bullet \frac{Es}{Is}$$

　キャパシタの容量を 1uF とし、電圧 Es には電気的特性の充電試験条件に示されている 0.5V、充電電流に 9uA を使いましょう。

$$t = C \bullet \frac{Es}{Is} = 1uF \times \frac{0.5V}{9uA} = 56\,ms$$ 、60ms 弱の立ち上がりです。

　電源オフ時には、このキャパシタの電荷を早く放出しなければなりません。電気的特性の放電電流を見てください。最小でも 1mA とありますから、充電電流 9uA の約 100 倍です。したがって放電に要する時間は、充電時の約 100 分の 1 と推定されます。

－ 144 －

4.2.7 過電流検出とシャット・ダウン

過電流発生時にスイッチングを止めて一次電源短絡を防止する機能が付いています。

全体ブロック図の中、この部分は次のとおりです。

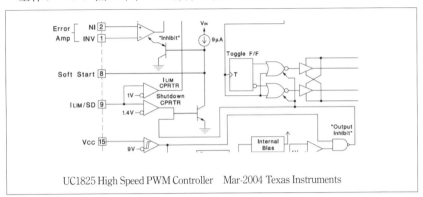

〔図4-52〕過電流検出回路

ピン9、ILIM/SD、が電流検出端子です。電流検出抵抗をスイッチング回路に挿入し電流を読みます。ふたつのコンパレータが用意されており、電流が増加すると、初めにリミッタが作動しスイッチングのデューティ増加を抑えます。さらに電流が増加するとスイッチング出力を切ります。

電気的特性は次のとおりです。

ELECTRICAL CHARACTERISTICS: Unless otherwise stated, these specifications apply for, R_T = 3.65k, C_T = 1nF, Vcc = 15V, −55°C<T_A<125°C for the UC1825, −40°C<T_A<85°C for the UC2825, and 0°C<T_A<70°C for the UC3825, T_A=T_J.

PARAMETERS	TEST CONDITIONS	UC1825 UC2825 MIN	TOP	MAX	UC3825 MIN	TOP	MAX	UNITS
Current Limit / Shutdown Section								
Pin 9 Bias Current	0 < $V_{PIN\,9}$ < 4V			15			10	μA
Current Limit Threshold		0.9	1.0	1.1	0.9	1.0	1.1	V
Shutdown Threshold		1.25	1.40	1.55	1.25	1.40	1.55	V
Delay to Output			50	80		50	80	ns

UC1825 High Speed PWM Controller　Mar-2004 Texas Instruments

〔図4-53〕過電流検出の電気的特性

□4. 一次系

次のように回路を組み立てます。

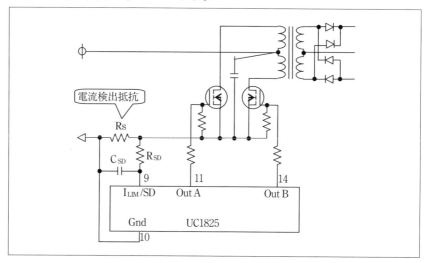

〔図 4-54〕過電流検出の接続

電流検出抵抗 Rs は、制限電流値で、電流制限スレッショルド値、Current Limit Threshold、を割って求めます。

スレッショルドの最小値 0.9A で制限をかけるとすると、抵抗 Rs は 1Ω です。スレッショルドの通常は 1.0V ですから、実際には 1A で制限がかかることになります。シャット・ダウンは 1.4V ですから 1.4 倍の電流で起きることになります。

電流検出抵抗と PWM IC 端子間に挿入した抵抗 R_{SD} は回路絶縁のためです。電圧を読めればよいので大きな抵抗でも良い理屈ですが、PWM IC 端子のバイアス電流による電圧降下が誤差になります。バイアス電流は最大 15uA とありますから、抵抗 R_{SD} を 10kΩ とすると、10kΩ × 15uA=0.15V、の誤差を生じます。スレッショルドが 1V 程度なので無視できない値ですから、せいぜい 1kΩ 程度に留めるのが無難です。

キャパシタ、C_{SD}、は PWM IC 入力点での高周波電位を下げるためで、0.1uF 程度のセラミック・キャパシタで十分です。

ここで注意が必要なのは、電流検出抵抗は電源のリターン回路に挿入する都合上、スイッチング回路のリターン電位が PWM IC と異なることです。直流的には 1V 程度異なることがあるわけですが、それ自身で動作不良を起こすことはまずありません。ただし FET のゲート駆動電圧あるいはトランジスタのベース駆動電流は変動することになります。その分の余裕を駆動回路でとっておく必要はあります。

4.2.8 電源電圧

PWM IC の電源電圧範囲は比較的広いのですが、ほとんどの PWM IC が 15V での運用を前提としており、電気的特性も電源電圧 15V の条件下で示されています。Texas Instruments 社の UC1825、Microsemi 社の SG1526、それに生産中止になった Texas Instruments 社の TL494 のいずれも電気特性のデータは 15V 時です。

入力電圧の絶対最大定格が 40V あるいは 41V なら、一次電源電圧範囲が 40V 以下であればそのまま使えなくはないようですが、次の理由から PWM IC 用の専用電源を用意します。

電源電圧をそのままスイッチング素子の駆動信号とする都合上、電圧変動がそのまま駆動信号の変動となります。MOSFET 駆動の場合はゲート電圧の許容値を超える可能性があり、トランジスタの場合はベース電流が過剰になることから、スイッチング素子の駆動設計が難しくなります。また、15V を前提とした PWM IC メーカーのデータ・シートのデータをそのまま使うことができません。

ところで電源の下限値ですが、例に取り上げた UC1825 は自身の電源電圧を監視しており、9V 以上で動作するように出来ていますから 9V

- 147 -

□4. 一次系

です。この機能はどのPWM ICでも持っているとは限らないのでデータ・シートで良く確かめて下さい。

4.2.9 実例

回路例を示しておきます。設計の前提条件は示してありません。あくまで、このように周辺素子を配置する必要があるのだという程度の参考にしてください。

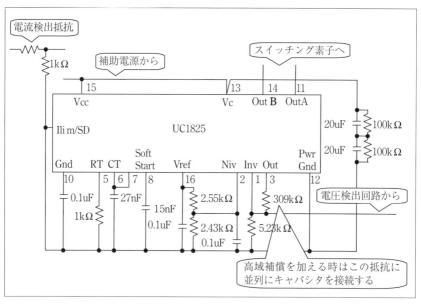

〔図 4-55〕PWM IC 回路例

誤差アンプの利得は、図の帰還抵抗、309kΩ、と電圧検出回路の出力抵抗とで決まります。利得が高いほど電圧制御精度は高くなるのですが、動作不安定を引き起こすこともあります。通常は100倍程度つまり40dB程度に設定します。この程度であれば問題が起きることはまずありません。動作が不安定なので高域補償を加えたい場合は帰還抵抗に並列にキャパシタを挿入します。振動や発振のような症状を示した場合は、まず電圧検出信号が綺麗に整流されているか、スパイクが処理されているか

を点検してください。その上で高域補償を加えるようにしてください。

4.3 補助電源

PWM IC は 15V の直流電源で駆動します。

PWM IC の電源電圧の最大値は 30V、40V、41V 等とさまざまです。一次電源電圧の範囲が許容できれば、そのまま使ってよい理屈ですが、スイッチング回路の駆動条件が電源電圧にあわせて変化し、FET の場合は許容ゲート電圧を超えたり、トランジスタではベース電流が過剰になったりと、スイッチング素子の駆動設計が難しくなるので、通常はPWM IC 用の補助電源を用意します。

どのメーカーの PWM IC も電気特性は電源電圧 15V の場合を示しているので、補助電源の出力電圧は 15V とします。15V といっても正確である必要はありません。15V 程度であれば良いのです。

補助電源は一次電源側で使われます。すぐ傍に大電流の直流を切り刻んでいるスイッチング回路があるという劣悪な環境に曝されます。したがって環境に犯されないように簡素かつ鈍感な回路で組み立てるのが大原則です。少々の効率の低さは気にしないことにします。

4.3.1 補助電源回路

まず負荷を設定しましょう。

PWM IC の項で例に挙げた UC1825 を例にとります。

― 149 ―

□4. 一次系

ELECTRICAL CHARACTERISTICS: Unless otherwise stated, these specifications apply for , RT = 3.65k, CT = 1nF, Vcc = 15V, -55°C<TA<125°C for the UC1825, –40°C<TA<85°C for the UC2825, and 0°C<TA<70°C for the UC3825, TA=TJ.

PARAMETERS	TEST CONDITIONS	UC1825 UC2825			UC3825			
		MIN	TOP	MAX	MIN	TOP	MAX	UNITS
Supply Current Section								
Start Up Current	Vcc = 8V		1.1	2.5		1.1	2.5	mA
ICC	VPIN 1, VPIN 7, VPIN 9 = 0V; VPIN 2 = 1V		22	33		22	33	mA

UC1825 High Speed PWM Controller   Mar-2004 Texas Instruments

〔図 4-56〕PWM IC の電源仕様

　最大で 33mA とありますから、これを使います。スイッチング素子の駆動電流はこの中には含まれていないので足さなければなりません。FET のゲート駆動の場合は、ターン・オンとターン・オフの過渡期を除けば電流は殆ど要りません。トランジスタの場合はベース電流分だけの電流を足して考えなければなりません。とりあえず、例題として、ここでは 40mA としましょう。

(1) 15V ゼナー・ダイオードと抵抗
　もっとも簡単な回路は、抵抗とゼナー・ダイオードだけの組合せです。

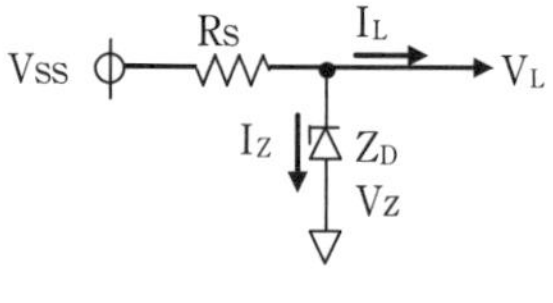

〔図 4-57〕ゼナー・ダイオードだけの定電圧回路

　負荷電流 IL には必要な負荷電流より若干大きな電流を設定します。ゼナー・ダイオード Z_D のゼナー電圧 Vz が 15V のものを選定します。

　抵抗 Rs の値は次で決定します。Vss は電源電圧です。

$$Rs = \frac{Vss - Vz}{I_L}$$

電源電圧が 20V、ゼナー電圧が 15V、負荷電流が 40mA なら、抵抗 Rs の値は、$Rs = \dfrac{Vss - Vz}{I_L} = \dfrac{20V - 15V}{40mA} = 125\Omega$ 、です。

この回路の問題点は、ゼナー・ダイオードに大電力のものが必要だということです。

直列抵抗 Rs を 125Ω として、電源電圧が 40V になると、ゼナー・ダイオードに流れる電流は、$Iz = \dfrac{Vss - Vz}{Rs} = \dfrac{40V - 15V}{125\Omega} = 200mA$ 、と電源電圧が 20V のときの実に 5 倍にもなり、電力損失は、15V×200mA=3W、という大きなものになります。

ゼナー・ダイオードの損失ディレーティングを 40% とすれば、$\dfrac{3W}{0.4} = 7.5W$ 、もの大きなものが必要です。実用にはなりません。

この回路はゼナー電流と負荷電流の和が一定になるように動作しますから、負荷電流が流れればゼナー・ダイオードの損失は減ります。とは言え、40V では 200mA もありますから負荷電流 40mA 程度を差し引いても減少分は微々たるものです。

(2) 15V ゼナー・ダイオードとトランジスタ

ゼナー・ダイオードと抵抗の組合せだと、負荷電流以上を常時流せるゼナー・ダイオードが必要でした。ゼナー・ダイオードにトランジスタを組み合わせるとゼナー・ダイオードは負荷電流を背負わなくて済みます。

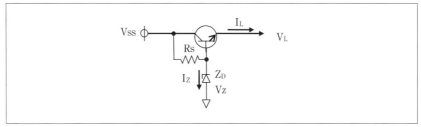

〔図 4-58〕トランジスタを組み合わせた定電圧回路

この回路ではゼナー・ダイオードはトランジスタのベース駆動に必要

□4. 一次系

な電流さえ確保できればよいので小容量のもので済みます。損失はトランジスタが引き受けてくれます。

　この回路は実用的に思えるのですが、最小電源電圧とゼナー電圧との差が小さいと、最大電源電圧でゼナー電流が不必要に大きくなるのは、ゼナー・ダイオードと抵抗だけの組合せと変わらず、ゼナー・ダイオードの電流設計が難しいことに変わりはありません。

　この回路では、出力電圧はゼナー電圧と等しくなりません。ゼナー電圧からトランジスタのベース・エミッタ間電圧約 0.6V を引いたものが出力電圧になります。

(3) 低電圧ゼナー・ダイオードとトランジスタ

　電源電圧の変動に対するゼナー電流の変動を小さくするには、ゼナー電圧を低くすることです。

　ゼナー電圧を 5V としましょう。
　電源電圧が 20V の時、ゼナー電流 5mA を流すとしましょう。直列抵抗の値は、

$$Rs = \frac{Vss - Vz}{I_L} = \frac{20V - 5V}{5mA} = 3k\Omega$$

電源電圧が 40V の時のゼナー電流は、

$$Iz = \frac{Vss - Vz}{Rs} = \frac{40V - 5V}{3k\Omega} = 11.7mA$$

で、電源電圧が 20V のときと 40V のときのゼナー電流の比は 2 倍強に留まります。これであればゼナー電流設計は容易です。

　次の回路を組み立てます。いわゆるシリーズ・レギュレータです。

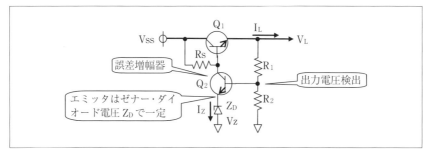

〔図4-59〕誤差増幅トランジスタを追加した定電圧回路

　トランジスタQ_2は誤差増幅器として動作します。エミッタはゼナー・ダイオードで一定電圧に保たれます。出力電圧は抵抗R_1とR_2とで分圧されQ_2のベースに入力します。ベース電圧とエミッタ電圧の差分に応じてQ_2のコレクタ電流が変化し、抵抗Rsでの電圧降下によりQ_1のベースを制御します。負帰還がかかった回路なので出力電圧はゼナー電圧、厳密にはゼナー電圧にトランジスタQ_2のベース・エミッタ間電圧を足した値、になります。

　トランジスタQ_2の負荷抵抗になるRsの値はトランジスタQ_1のベース電流とゼナー・ダイオードの電流を確保できるように選定します。

　ゼナー電圧が低いほど、電源電圧の変化に伴うゼナー・ダイオード電流の変化は小さくなるのですが、ゼナー電圧が5V程度のダイオードが電圧安定度もよく、いわゆる肩特性も良いので5V近傍のダイオードを使います。

4.3.2　ゲート充電への対処
　FETのゲート駆動では、ゲート・ソース間の容量の充放電の問題があります。補助電源は完全に放電した状態のゲート・ソース間の容量を瞬間に充電するだけの電流を流し込めなければなりません。

□4. 一次系

　最近のPWM ICはFET駆動を意識して作られており、出力段の電流の絶対最大定格は短時間であれば2A近く採れるようになっています。かといって常時2Aを供給できる補助電源は大型になってしまいますから、オンの瞬間だけの電力を供給できるようキャパシタ・バンクを補助電源出力点に用意します。

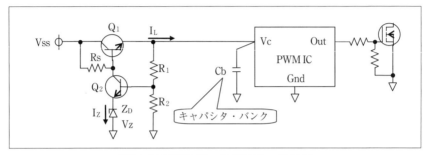

〔図4-60〕FETゲート充放電への対処

　キャパシタ・バンクの容量は、ふたつのキャパシタを並列につないだときの電圧が、双方の電荷の和を合成容量値で割った値になることを利用して決めます。

　FETの入力容量をCi、キャパシタ・バンクの容量をFETの入力容量のn倍にとるとして、$n \bullet Ci$、とします。オン駆動直前、FET入力容量の電荷はゼロ、キャパシタ・バンクの電荷は、電圧をV_Lとして、$n \bullet Ci \bullet V_L$、です。

　オンの瞬間、ふたつのキャパシタが並列に接続されます。端電圧は、オン直前に持っていた電荷を、並列接続したキャパシタの総容量で割った電圧になりますから、

$$V = \frac{n \bullet Ci \bullet V_L}{Ci + n \bullet Ci} = \frac{n}{n+1} \bullet V_L$$

です。この電圧がFETをオンにするのに十分な電圧であれば良いのです。

― 154 ―

V_L=15V として n に対する電圧 V を見てみましょう。

n	1	2	3	5	10
V	7.5V	10V	11.3V	12.5V	13.6V

　10V もあればFETはオンの条件を満たしますから、意外とキャパシタ・バンクは小さい容量で済むということです。実際には余裕をみて必要最小量より若干大きくした方がよいでしょう。実際に動作させ、オシロスコープでゲート電圧を見て確かめてください。

　International Rectifier の IRHMS57160 の入力容量は次のとおりです。

Electrical Characteristics @ Tj = 25°C (Unless Otherwise Specified)

	Parameter	Min	Typ	Max	Units	Test Conditions
C_{iss}	Input Capacitance	—	6270	—	pF	V_{GS} = 0V, V_{DS} = 25V f = 100KHz
C_{oss}	Output Capacitance	—	1620	—		
C_{rss}	Reverse Transfer Capacitance	—	35	—		

IRHMS57160 Radiation hardened Power MOSFET 24-Jul-2006
International Rectifier

〔図 4-24 再掲〕IRHMS57160 の寄生容量

　6270pF あります。キャパシタ・バンクとして 10 倍の容量を用意するとしても E12 あるいは E6 系列で、0.068uF です。

　無論このキャパシタはスイッチングの次のオンの瞬間までに充電し終えなければなりません。計算すれば分かりますが、それほど大きな電流は必要なく、補助電源に工夫を加えなくても大丈夫です。

　大きな容量を稼ぐには電解キャパシタなのですが、電解キャパシタは1MHz 位になるとキャパシタとして働かなくなってくるので、電解キャパシタを使うときは 0.1uF 程度のセラミック・キャパシタを並列に組み合わせるのが良いと思います。

－ 155 －

□4. 一次系

　FET オンの瞬間はキャパシタ・バンクが電源ですから、もっとも
FET に近い点に置く必要があります。したがって補助電源の出口では
なく、PWM IC の電源端子のごく近傍に配置します。

　PWM IC の項にも記しましたが、この過渡電流を確実に FET のゲー
トに流し込むことが大切なので、キャパシタ・バンクから FET のゲー
トに至る配線、FET のソースからキャパシタ・バンクのリターンに戻
る配線、この経路の配線のインダクタンスを抑えること、つまり配置を
工夫して配線を短くかつ太くしておく必要があります。

4.4　電圧検出
　出力電圧を一定に保つ、すなわちレギュレートするためには、出力電
圧を検出してフィード・バックを掛けます。電圧制御に使いますから品
位がよく、かつ正確な平均値を得なければなりません。整流の項で考察
したように、PWM DCDC 電源では軽い負荷で良質の平均値を得るのは
難しいので工夫が必要です。

4.4.1　CR 平均値回路
　電圧検出回路は制御のために正確で品位の良い平均値電圧が得られれ
ば良いので、電流あるいは電力は殆ど必要ありません。負荷電流が小さ
いので時定数を稼ぐにはインダクタンスを大きくするしかありません。
インダクタンスを大きく取るとインダクタの体積も質量も大きくなりま
す。インダクタそのものの製作も面倒になります。これは困ります。抵
抗もキャパシタも大きな値を得るのは簡単ですし入手も容易です。そこ
で負荷電流を殆ど必要としない前提で、キャパシタ・インプットで正確
な平均値を得ることを考えます。

（1）回路
　キャパシタ・インプット回路は次のとおりです。

－ 156 －

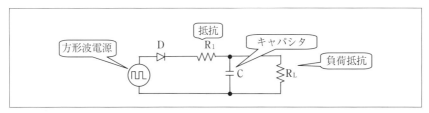

〔図 4-61〕キャパシタ・インプット回路

平均化の条件は、整流回路の充電の時定数と放電の時定数が等しいこと、でした。

充電の時定数 τ_1 は次です。
$$\tau_1 = C \bullet (R_L \| R_1) = C \bullet \frac{1}{\frac{1}{R_L}+\frac{1}{R_1}} = CR_L \bullet \frac{R_L}{1+\frac{R_L}{R_1}}$$

一方、放電の時定数 τ_2 は
$$\tau_2 = C \bullet R_L$$
です。

如何にしても $\tau_1 = \tau_2$ は成立しません。$\tau_1 = \tau_2$ とするには、$R_L \ll R_1$、でなければなりません。負荷抵抗 R_L に比べて電力源からの抵抗 R_1 を思い切り大きくするということです。電圧検出が目的ですから電流は必要としないので抵抗 R_1 を大きな値にしても構わないのですが、出力電圧は抵抗 R_1 と負荷抵抗 R_L とで分圧されるので、出力電圧が得られないという事態になります。

(2) 整流条件の成立化

原理そのままの回路では充電時と放電時の時定数は絶対に一致しないのですから、スイッチを足して充電時と放電時の回路を切り替えて条件が成立するようにしてやります。

□4. 一次系

まず負荷無しで考えます。
次のような回路を組立てます。

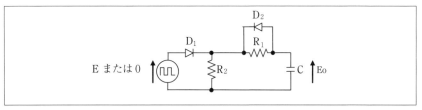

〔図 4-62〕ダイオード・スイッチと放電抵抗の追加

充電抵抗 R_1 と並列にダイオード・スイッチを用意し、整流ダイオードの出力点に抵抗 R_2 を追加します。

充電サイクルでは次図のように電流が流れます。

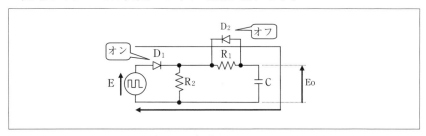

〔図 4-63〕充電サイクル

負荷電圧 Eo は電源電圧の平均値ですから、電源電圧 E より必ず低くなります。したがって、ダイオード D_2 は逆バイアスになるのでオフ、R_1 を介してキャパシタ C が充電されます。R_2 にもトランスから電流は流れ込みますがキャパシタの充電には関与しません。

充電の時定数 τ_1 は、$\tau_1 = C \bullet R_1$、です。

放電サイクルでは次図のように電流が流れます。

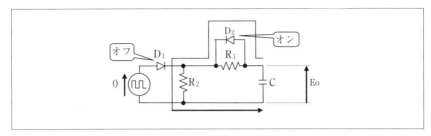

〔図 4-64〕放電サイクル

　電源電圧はゼロになります。キャパシタは平均電圧を保持していますから、ダイオード D_2 はオンになり R_2 を介して放電電流が流れます。抵抗 R_1 は放電には寄与しません。ダイオード D_1 は逆バイアスなので電源は放電回路とは切り離されています。

　放電の時定数 τ_2 は、$\tau_2 = C \cdot R_2$、です。
　ここで、$R_1 = R_2$、とすると、$\tau_1 = \tau_2$、が成立します。
　この回路の良さは負荷抵抗を加えても $\tau_1 = \tau_2$ の関係が保たれることです。
　負荷抵抗 R_L を加えましょう。

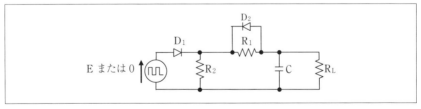

〔図 4-65〕負荷の追加

　充電サイクルでは次のように電流が流れます。

4. 一次系

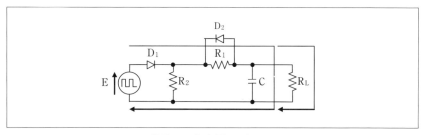

〔図4-66〕充電サイクル

電源電圧 E は、抵抗 R_1 と負荷 R_L で分圧されてキャパシタ C を充電します。

等価回路は次のとおりです。ホウ・テブナンの定理を使います。

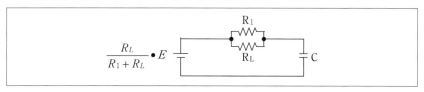

〔図4-67〕充電サイクルの等価回路

出力電圧が $\dfrac{R_L}{R_1+R_L} \cdot E$ 、内抵抗が R_1 と R_L の並列接続、の電源でキャパシタ C が充電されます。

充電の時定数 τ_1 は、$\tau_1 = C \cdot (R_1 \| R_L) = C \cdot \dfrac{1}{\dfrac{1}{R_1}+\dfrac{1}{R_L}}$ 、です。

放電サイクルでは次のように電流が流れます。

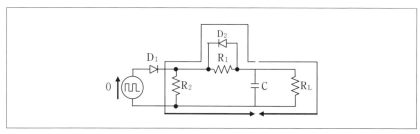

〔図4-68〕放電サイクル

ダイオード D を介して R_2 に流れ込むと同時に負荷 R_L にも流れ込みます。つまりキャパシタの負荷は、抵抗 R_2 と抵抗 R_L を並列接続したものです。

放電の時定数 τ_2 は、 $\tau_2 = C \bullet (R_2 \| R_L) = C \bullet \dfrac{1}{\dfrac{1}{R_2} + \dfrac{1}{R_L}}$ 、です。

ここで、$R_1=R_2$、であれば、$\tau_1=\tau_2$、が成立します。

つまり負荷 R_L の値の如何に関わらず平均値を得るための整流の条件が成立します。

(3) 誤差要因
a ダイオードのターン・オフ時間

オンになっていたダイオードはバイアスを取り去ってもすぐにはオフにならないという現象です。ダイオード D_1 は放電サイクルが始まる時点でキャパシタ C を短絡する形で入ります。またスイッチ・ダイオード D_2 は充電サイクルの始めに抵抗 R_1 を短絡します。したがってスイッチングの周期に対して十分に小さなターン・オフ・タイムを持つダイオードを選ぶ必要があります。

昨今の整流用ダイオードはターン・オフ時間が 30ns とか 10ns というような短い時間のものが多くあります。このようなダイオードであればスイッチング周波数を 100kHz とすると周期は 10us ですからダイオードのスイッチング時間は無視することができます。

b ダイオードの漏れ電流

ダイオード D_1 では R_2 と並列に、スイッチ・ダイオード D_2 は R_1 とそれぞれ並列に入り誤差要因となりますが、漏れ電流の小さなダイオードを選定すれば無視して差し支えありません。昨今のダイオードではよほど選択を誤らない限りまず気にすることはありません。

□4. 一次系

cトランスの直流抵抗

　この回路では電流負荷を取らない前提なので R_1 と R_2 の抵抗値は大きくとれ、これらに比べればトランスの直流抵抗は無視できます。

dダイオードの電圧降下

　ダイオードの電圧降下 Vd は、最低限バンド・ギャップ分の約 0.6V を見込まなければなりません。これを無視し得るようにするには、仮に 100 倍の電圧をとるとすれば約 60V の平均出力電圧をトランスに望まねばならず、デューティが 40% の場合は 150V という非現実的な値になってしまいます。したがって、この電圧降下については検討しておく必要があります。

　まず整流ダイオード D_1 について考えます。
　電源電圧を E とします。得たい平均値を Eo とすると、$Eo=d \bullet E$、です。

　充電サイクルでは、電源電圧 E から整流ダイオード D_1 の電圧降下分 Vd を差し引いた値で充電されます。したがって出力電圧 Eave は、$Eave=d \bullet (E-Vd)=Eo-d \bullet Vd$、となり、$d \bullet Vd$ の誤差が生じます。フル・ブリッジ型の整流回路の場合、Vd は 2 倍して考えます。

　次にスイッチ・ダイオード D_2 について考えます。
　スイッチ・ダイオード D_2 の電圧降下は、放電サイクルに於ける放電量を減らしますから出力電圧を高める方向に作用します。

　ダイオードの電圧降下 Vd の定電圧電源が、R_1 と C の直列回路に繋がれたときの出力平均値で解析します。放電サイクルのデューティは $(1-d)$ ですから、平均値は、$(1-d) \bullet Vd$、です。

　整流ダイオード D_1 とスイッチ・ダイオード D_2 の効果を足し合わせると、出力 Vave は次となります。

－ 162 －

$$Vave = Eo - d \bullet Vd + (1-d) \bullet Vd = Eo + (1-2d) \bullet Vd$$

断りませんでしたが整流用とスイッチ用の双方のダイオードの電圧降下は同じ Vd と前提しています。同じ品種のダイオードを使うことになるでしょうからこの前提で構わないでしょう。

(4) ダイオード電圧降下の補正

ダイオードの電圧降下を組み入れた時の出力電圧は次のとおりでした。

$$Vave = Eo + (1-2d) \bullet Vd$$

第二項、$(1-2d) \bullet Vd$、が誤差です。この誤差量はデューティによって変化しますから一次電源電圧の変動に伴い変動します。つまりライン・レギュレーションが悪化するということです。

誤差項を無視するには Eo を高く、つまりトランスの出力電圧を高くすればよいのですが、現実にはそんなに高くはできません。後で記しますが 5V くらいが現実的な使いやすい値です。5V に対してダイオードの電圧降下 Vd の 0.6V は一割近い大きな値です。幸いにしてこの誤差をキャンセルする方法があります。

一次電源電圧が上昇するとデューティが減少します。

$$Vave = Eo + (1-2d) \bullet Vd$$

ですから、デューティが減少すると出力電圧 Vave が上昇します。

したがってデューティが小さくなったら Eo を下げるような補正を加えます。このためには、$\tau_1 > \tau_2$、つまり充電の時定数に対して放電の時定数を小さくとるとデューティの小さい部分で出力が低下する性質を利用します。

次表に $\dfrac{\tau_2}{\tau_1}$ を設定した時のデューティに対する出力電圧の変動を示します。求め方は整流の項を参照してください。

- 163 -

□4. 一次系

〔表2-1再掲〕 $\frac{\tau_2}{\tau_1}$ が定まった時の、デューティに対する正規化した出力電圧

$\frac{\tau_2}{\tau_1}$	d								
	0.1	0.2	0.3	0.4	0.5	0.6	0.7	0.8	0.9
1.5	1.429	1.364	1.304	1.250	1.200	1.154	1.111	1.071	1.034
1.4	1.346	1.296	1.250	1.207	1.167	1.129	1.094	1.061	1.029
1.3	1.262	1.226	1.193	1.161	1.130	1.102	1.074	1.048	1.024
1.2	1.176	1.154	1.132	1.111	1.091	1.071	1.053	1.034	1.017
1.1	1.089	1.078	1.068	1.058	1.048	1.038	1.028	1.019	1.009
1.0	1	1	1	1	1	1	1	1	1
0.9	0.909	0.918	0.928	0.938	0.947	0.957	0.968	0.978	0.989
0.8	0.816	0.833	0.851	0.870	0.889	0.909	0.930	0.952	0.976
0.7	0.722	0.745	0.769	0.795	0.824	0.854	0.886	0.921	0.959
0.6	0.625	0.652	0.682	0.714	0.750	0.789	0.833	0.882	0.938
0.5	0.526	0.556	0.588	0.625	0.667	0.714	0.769	0.833	0.909
0.4	0.426	0.455	0.488	0.526	0.571	0.625	0.690	0.769	0.870

次のようにして補正します。

最大デューティ d_1 と最小デューティ d_2 のそれぞれで回路の出力電圧 Vave1 と Vave2 を算出します。ついで Vave1 と Vave2 の比を算出し、この比が得られる係数を上の表で探します。そして、この比に相当する時定数比を求め、これを使って放電抵抗 R_2 の値を調整します。

例題で手順を確かめましょう。

スイッチング周期が25us のコンバータを考えます。

一次電源電圧は 20V から 40V。デューティはこれに対応して 0.8 から 0.4 と設定します。

出力 Eave に 5V を得ることにします。

負荷抵抗は 2.49kΩ の抵抗2ケの直列接続です。

トランスの出力電圧 Eo は、整流用ダイオードの電圧降下 0.6V を考慮して 5.6V とします。

- 164 -

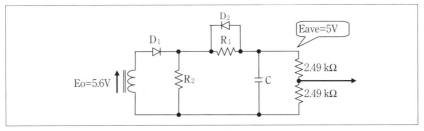

〔図 4-69〕平均値回路

　負荷抵抗はおよそ 5kΩ です。負荷抵抗に時定数をあまり左右されないように R_1 を負荷抵抗に対して小さくとることとします。ここでは 1 割程度の誤差は許すとして負荷抵抗 5kΩ の 10 分の 1 の 499Ω とします。

　スイッチング周期は 25us です。時定数をこれの 1000 倍とすると 25ms です。整流の品位は良いのですが、サーボ・ループの要素として考えると少々応答が鈍くなります。100 倍か 200 倍程度でもそれなりの品位は得られるので、ここでは 200 とし、時定数を、$25us \times 200 = 5ms$、とします。R_1 は 499Ω ですからキャパシタ C の値は 10uF となります。

　ここで Vave を計算します。ダイオードの電圧降下は 0.6V とします。
$$Vave1 = Eo + (1-2d) \bullet Vd = 5.6V + (1-2\times 0.8) \times 0.6V = 5.24V$$
$$Vave2 = Eo + (1-2d) \bullet Vd = 5.6V + (1-2\times 0.4) \times 0.6V = 5.72V$$
Vave1 と Vave2 の比を求めると、$\dfrac{Vave2}{Vave1} = \dfrac{5.72V}{5.24V} = 1.09$ 、です。

　ここで表から、デューティが 0.8 のときと 0.4 のときの出力の比が 1.09 になるような $\dfrac{\tau_2}{\tau_1}$ を探します。

□4. 一次系

〔表 2-1 抜粋〕$\frac{\tau_2}{\tau_1}$ が定まった時の、デューティに対する正規化した出力電圧

$\frac{\tau_2}{\tau_1}$	d								
	0.1	0.2	0.3	0.4	0.5	0.6	0.7	0.8	0.9
1.0	1	1	1	1	1	1	1	1	1
0.9	0.909	0.918	0.928	0.938	0.947	0.957	0.968	0.978	0.989
0.8	0.816	0.833	0.851	0.870	0.889	0.909	0.930	0.952	0.976
0.7	0.722	0.745	0.769	0.795	0.824	0.854	0.886	0.921	0.959
0.6	0.625	0.652	0.682	0.714	0.750	0.789	0.833	0.882	0.938
0.5	0.526	0.556	0.588	0.625	0.667	0.714	0.769	0.833	0.909
0.4	0.426	0.455	0.488	0.526	0.571	0.625	0.690	0.769	0.870

$\frac{\tau_2}{\tau_1} = 0.8$ 、の場合、$\frac{Vave1}{Vave2} = \frac{0.952}{0.870} = 1.09$ 、となりますから、これで相殺できることが分かります。

放電の時定数を充電の時定数の 0.8 にするには、$R_2 = R_1 \times 0.8$、とします。R_1 は 499Ω としましたから、499Ω × 0.8=399Ω、に近い 390Ω とします。

回路は次のようになりました。

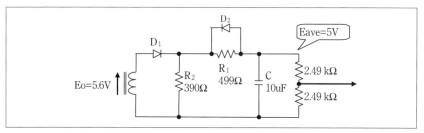

〔図 4-70〕平均値回路定数設定

電圧検出回路の実例を見てみましょう。
　デューティは電源電圧範囲が 20V から 40V に対応して最大 80% から最小 40% に設定してあり、スイッチング周期は 25us です。

　当初の整流回路はチョーク・インプットでした。出力電圧は 5V、トランスの平均出力電圧はダイオードの電圧降下分 0.6V を足して 5.6V で

- 166 -

す。整流回路の定数は、インダクタ L が 280mH、負荷抵抗は 5k、並列キャパシタは 0.47uF でした。

　試験の結果、出力に振幅は小さいものの 400Hz 強の振動が重畳しました。キャパシタの値を 0.47uF から 0.1uF に減らし、制御回路の誤差増幅器に高域を抑える補正を加えて振動を抑えることが出来ました。

　ライン・レギュレーション結果は次のとおりです。この電源は5出力で、データはその中のひとつの 13.5V の出力電圧を測定したものです。

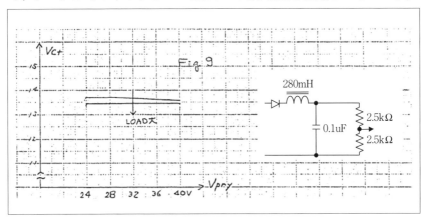

〔図 4-71〕当初の設計

　振動の原因は整流の品位が悪いことです。
　インダクタンスが 280mH、負荷抵抗 5k の時定数 τ は、
$\tau = \dfrac{280mH}{5k} = 56us$ 、とスイッチング周期の2倍しかありません。出力信号の品位が悪く脈流分が残存するのでスイッチングがジッタを起こし、インダクタとキャパシタで決まる周波数で共振し正弦波が出力に重畳したのです。ちなみに共振周波数 fr は次のとおりです。

$$fr = \dfrac{1}{2\times\pi\times\sqrt{280mH \times 0.47uf}} = 439Hz$$

　キャパシタの値を小さくして共振周波数を上げ、誤差増幅器の高域を

□4. 一次系

落として安定になったのです。

CR 回路への置き換えを図りました。

280mH と大きなインダクタを使っていますが負荷電流が小さく時定数が稼げていません。Eave=5.0V、Eo=5.6V の条件はそのままに CR 回路へ置き換えます。

負荷抵抗は約 5kΩ です。R_1 は負荷抵抗の有無による時定数の変動に約一割の誤差を許すとして 5kΩ の 10 分の 1 の 499Ω とします。

スイッチング周期は 25us です。整流回路の時定数は、この 200 倍とし、$20us \times 200 = 5ms$、とします。R_1 は 499Ω ですから C の値は 10uF となります。

ダイオードにはターン・オフ・タイムが約 6ns のスイッチング・ダイオードを用いました。

結果を次に示します。

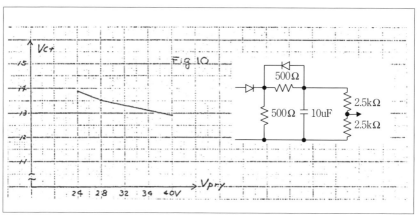

〔図 4-72〕キャパシタ・インプット回路に変更

一次電源電圧を上昇させる、つまりデューティが小さくなると出力電圧が低下します。ダイオードの電圧降下が誤差として入ってきているた

めです。

　CR 回路に補正を加えます。
　ダイオードの電圧降下の補正方法を設定しました。
　最大デューティと最小デューティに於ける Eave の比は 1.09 となりましたので、表を用いてこれに合う τ_1 と τ_2 の比を求めると約 0.8 倍となりました。そこで R_2 を R_1 の約 0.8 倍の 390Ω としました。
　結果を次に示します。

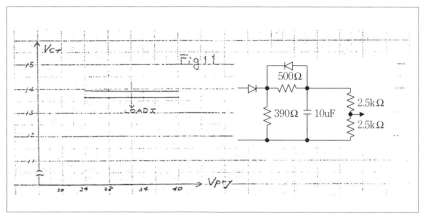

〔図 4-73〕充放電時定数比を変更

　補正が成功し良好なライン・レギュレーションが得られました。上図で LOAD 大と矢印で記したものはロード・レギュレーションを示しています。二次出力回路は整流回路だけなので、回路による電圧降下がそのままロード・レギュレーションとして現れています。

4.4.2　調整回路
　電圧検出回路に調整回路を用意します。電圧設定とライン・レギュレーション設定です。きちんと設計すれば調整を必要とすることは滅多にありませんが、PWM IC の基準電圧のばらつきやらトランスの巻線比のばらつき等を吸収できますから調整できるようにしておくのが良いと思

□4. 一次系

います。

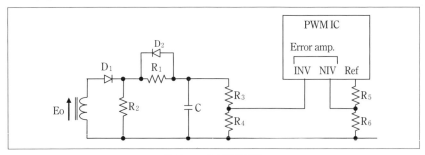

〔図 4-74〕電圧調整

電圧設定の為には、R_3 あるいは R_4 を調整します。
ライン・レギュレーション調整の為には、R_2 を調整します。

実際に作ってみれば分かりますが、初号機で調整すれば、次号機からは殆ど抵抗値をいじるようなことはありません。トランスの巻線比が若干変わることを想定するなら電圧調整を設けておきます。

抵抗値の調整を行うには、回路動作を止めずに、つまり電源をいちいち落とさなくても済むよう工夫します。簡単なのは、調整抵抗を並列に加えることです。
電圧調整を例にとりましょう。

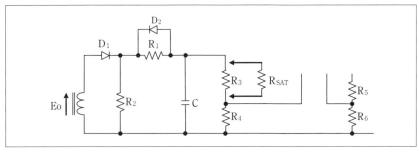

〔図 4-75〕抵抗の並列接続による電圧調整

― 170 ―

抵抗 R_3 を本来の値より若干大きくしておきます。これに並列に、高い抵抗値をもつ抵抗を接続して調整します。これであれば電源を投入したまま調整することができます。調整用抵抗の値が決まったら工作部門に実装してもらいます。

　抵抗を調整するには抵抗の直列接続でもできます。調整用抵抗の値は主抵抗の値より小さい物を用います。直列接続では調整用抵抗を変える度に電源をオフ・オンしなければなりません。これを防ぐには集合抵抗を利用し次のような回路を組み立てます。

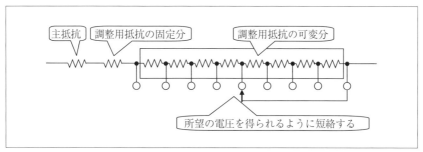

〔図4-76〕抵抗の直列接続による電圧調整

　追い込みたい範囲と精度に応じて調整用抵抗を直列につなぎます。調整用抵抗の値を変えるには抵抗列を短絡すればよく、これなら電源をいちいちオフ・オンしなくて済みます。
　組立が終わったら電源を投入して出力電圧を測定します。この電圧値と目標の電圧値を使って、調整用抵抗の値を計算し、調整用抵抗のタップ位置を決定します。決まったらタップ位置を実際に短絡してみます。電源を落とす必要はなく、手元の電線でタッチしてやればよいのです。出力電圧が所望の値になっていることを確かめたら工作部門でジャンパ線をはんだづけしてもらいます。

　この方法の良さは、一回電源を入れて出力を測定すれば、計算で調整用抵抗の値が決まり、タップ位置が決まること、つまり抵抗をとっかえ

□4. 一次系

ひっかえする必要が無いことです。そして最大の利点は調整用抵抗が手
元に残らないので在庫を抱えなくて済むということです。

4.4.3 電圧検出の品位

　品位のよい電圧検出が必須と書いてきましたが、ふたつの意味があり
ます。ひとつは正しい平均化がされているかです。正しく平均化されて
いないと、出力電圧に応じて正確に流通角を変える、つまり正確にデュ
ーティを制御できないからです。これは説明の必要はないと思います。
　もうひとつはリップルです。電圧検出の出力にリップルが含まれると
動作が不安定になるのです。

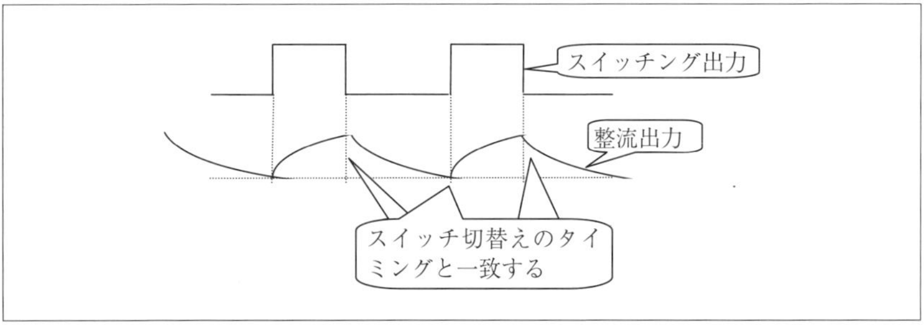

〔図 4-77〕リップルとスイッチングのタイミング

　方形波のスイッチング出力を整流すると指数関数でつないだ脈流が得
られます。平均化の条件を満たして整流すれば直流になりますが、整流
回路の時定数が小さいと、このような脈流になります。
　この脈流信号が PWM IC の誤差増幅器に入力します。整流出力の脈流
の電圧変化点が、スイッチングの切替え点です。当然ここでは基準電圧
との比較が正確に行われず判定電圧が上下します。

　この結果、スイッチングの立ち上がり、立ち下りのタイミングは前後
に揺れます。これがジッタです。スイッチングされた電力そのものの振
動ですから、大きな電力を持っています。この振動が回路中の共振回路
のどれかに同調すると、出力がその共振周波数で振動する現象となって

－ 172 －

現れます。症状が軽ければ、直流に小さな振幅の交流が重畳するくらいで済みますが、重症だと直流出力のはずが交流出力もどきになることがあります。

　二次出力負荷は少々のリップルに耐えるように設計されますから、ある程度のリップルは許容されるのですが、電圧検出回路の出力は、PWM IC のオープン・ループ利得が 100dB 近い猛烈な高利得の誤差アンプの入力です。リップルを可能な限り抑えなくてはなりません。

　スイッチングの切り替わりのタイミングに一致する外乱は、このような現象を引き起こします。スイッチングの立ち上がりや立下りで生ずるスパイクも、このような振動現象を引き起こしますから注意が必要です。
　このようにして生じた振動の例を次に示します。

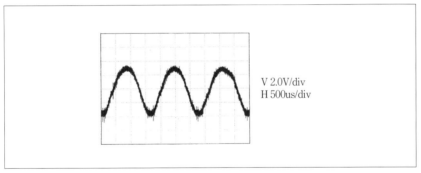

〔図 4-78〕ジッタによる振動の実例

　電源を作ってみると、ここに記したような振動が観測されることがままあります。振動が継続するということは、振動を継続するに足るエネルギーの供給があること、そして振動エネルギーを引き込む同調回路があることを示しています。電源のどこかに同調回路があるはずなので探してください。

- 173 -

□4. 一次系

4.4.4　電圧検出箇所

　電圧検出は独立した巻線をトランスに設け、そこに専用の電圧検出回路を設ける前提で書いてきましたが、専用の回路でなく、二次負荷出力を使っても構いません、というより二次出力を使う例が多いのです。

(1) 二次出力がひとつの場合
　二次出力がひとつの場合は、二次出力で電圧を検出して帰還をかけるのが、ロード・レギュレーションの補正もできるので最上です。

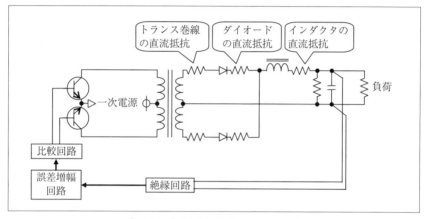

〔図4-79〕二次側からの電圧検出

　二次出力を電圧検出に流用する最大の利点は二次側の電圧変動要因も電圧制御ループ内に入るので、ロード・レギュレーションが補償されることです。二次側の電圧変動要因はトランス、ダイオード、インダクタの持つ抵抗による電圧降下です。これによる電圧降下は出力電圧が低く電流が大きい場合は無視できない値になります。二次出力を電圧検出に流用するとこれらの変動が補正されます。

　注意を要するのは電圧信号の品位です。特に負荷変動が大きい場合が問題です。最小負荷になると整流回路の時定数が小さくなります。このときでも電圧制御ループが不安定にならないような品位であることが必

- 174 -

要です。大電流負荷にあわせてインダクタを小さく設定すると、負荷を外した瞬間に電源が発振を始めたりするので要注意です。全電流範囲で品位が保たれていれば問題はありません。

　二次電源出力を PWM IC の誤差増幅器に接続する際は、電源の一次と二次を分離するための絶縁回路を用意します。

　絶縁イコール、フォト・カップラという発想をされる方があると思いますが、直流電圧信号を交流に変換してトランスを用いる古典的な方法もあります。PWM IC には発振器が内蔵されており変調することもできるので信号源に PWM IC を使うのも一方法です。

＜コラム＞フォト・カップラ
　フォト・カップラは何でも絶縁すると考えておられる向きが多いのですが、フォト・カップラは直流、強いて加えれば低い周波数の交流、の絶縁用素子です。一次側のフォト・ダイオードと二次側のフォト・トランジスタとの間の漂遊容量により高い周波数の交流信号は突き抜けて受信されるので交流絶縁はできません。

　もっとも困るのは、コモン・モード・ノイズ信号もノーマル・モード信号に変換して拾ってしまうことです。単体試験では問題が無かったのに他の機器とつないだとたんフォト・カップラを介した回路が勝手な動作を始めたという例があります。機器の中に漂遊していたコモン・モードの電源スパイク・ノイズが、他機器と接続したときにフォト・カップラの一次・二次間の漂遊容量を介して流れ出したためです。

　フォト・カップラは便利な素子ですが安易に使うべきではありません。

---

(2) 複数二次出力の場合
　二次出力が複数の場合は、電圧精度要求が一番厳しい二次出力から帰

□4. 一次系

還を掛けます。

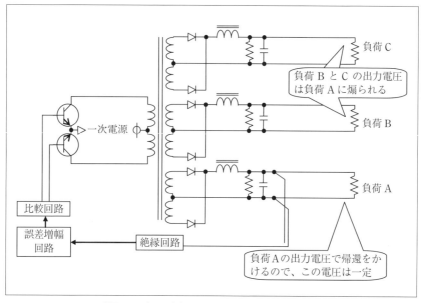

〔図4-80〕二次側からの電圧検出の考慮点

　負荷Aから帰還を掛けるとします。負荷Aは二次系の電圧降下も補償されますが、負荷Bと負荷Cでは二次系の電圧降下は補償されません。ここで問題になるのは電圧検出に用いる負荷Aの特性です。負荷Aが変動するとA系の電圧変動を補償するために流通角が変わります。スイッチされた電力を整流するだけの負荷Bと負荷Cの出力電圧は負荷Aによって揺さぶられることになります。

　通常負荷変動が激しく、二次系の電圧降下が無視できない系を補償したいので、そういう出力を電圧検出に使います。論理回路用の5Vが例です。最近はCMOSのお陰で負荷電流は減りましたがTTLの時代は10Aくらいの出力電流はざらでした。負荷が一定なら問題はおきませんが負荷が変動すると他の負荷が煽られます。

市販電源に三出力タイプがあります。5V、+15V それに−15V という構成です。この構成では例外なく 5V から帰還を掛けています。5V は論理素子用なので負荷電流が大きいこと、電圧許容範囲が±0.5V あるいは±0.25V と厳しいからです。一方、+15V と−15V はアナログ回路用ですが、アナログ回路は許容電圧範囲が広いので、少々の電圧変動は問題にならないからです。

　負荷が重く電圧範囲がきびしい系を制御したい、その系の出力で電圧帰還を掛けたい場合は、他の負荷系統に問題を引き起こさないことを確認しておく必要があります。

(3) 独立巻線を設ける場合
　負荷電流による電圧降下が問題にならないか負荷側で吸収できるなら、独立した巻線を用意して、独立した電圧検出回路を用意するのがもっとも簡単です。余計な絶縁回路も必要ありません。

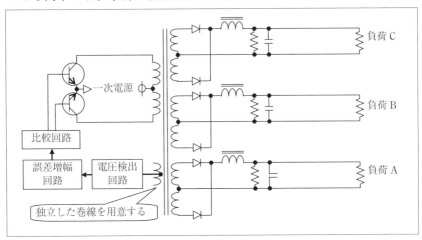

〔図 4-81〕独立巻線による電圧検出

　この電圧検出回路に CR 平均値回路が役立ちます。独立巻線を設ける方式の最大の利点は、一次と二次の絶縁方法を考えなくて良いと言う点

− 177 −

□4. 一次系

ですが、一回きちんと設計すれば負荷側の巻線だけの再設計で、いろいろなケースにそのまま応用できるという利点もあります。

　出力電圧は 5V とします。PWM IC の基準電圧は 5V、誤差アンプには、これを 2 分の 1 にして入力します。電圧検出出力を 5V とすれば PWM IC の入力点の扱いは基準電圧と同じになります。ここに高い電圧を用意しても電圧制御精度が上がるわけでもありません。

4.5　EMI フィルタ

　EMI とは Electro Magnetic Interference の略、電磁干渉という意味です。

　スイッチング回路は、一次電源から供給される直流をオン・オフしてズタズタと切り刻むわけですから、一次電源は連続する電流の急激な変動の影響をもろに喰らいます。自分専用の一次電源であればどうでもよいのですが共用だと同じ一次電源に繋がっている他の機器にとってはたまったものではありません。スイッチングに伴う電流オン・オフの影響が一次電源に及ばないようにしてやらなければなりません。そのためにロー・パス・フィルタを入れます。これが EMI フィルタです。

　電気回路で学ぶ直流電源は理想電源です。電圧は一定、内抵抗はゼロです。内抵抗ゼロというのは無限の周波数までインピーダンスは無視し得るということが言外に含まれています。もし一次電源がそういうものであれば負荷のスイッチング回路が何をしようとびくともしません。しかし、現実にはそのような電源は存在しません。

　オン・オフ信号は方形波です。方形波はスイッチング周波数と、その高調波を含む信号です。一次電源は、スイッチング周波数のみならず、さらに高い周波数の高調波信号にもエネルギーを供給しなければなりません。しかし高い周波数帯域まで応答するような電源を用意することは不可能です。一次電源が応答できる周波数範囲にスイッチング回路が発

- 178 -

生する高い周波数の信号レベルを下げてやる必要があるのです。この観点で見ると、EMIフィルタは、一次電源とスイッチング回路との接続の整合回路、ということができます。

4.5.1 構成
構成の概略は次のとおりです。

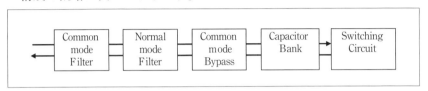

〔図4-82〕一次電源入力構成

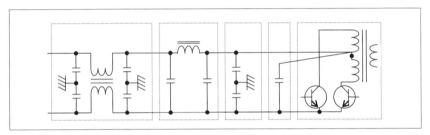

〔図4-83〕一次電源入力構成

　信号源つまりノイズ発生はスイッチング回路ですから、信号の流れは一次電源からの直流の流れと反対になります。したがってフィルタはスイッチング回路から一次電源入力点に向かって構成します。スイッチング回路とキャパシタ・バンクはすでに説明しました。キャパシタ・バンクはスイッチング特性を確保するためのものですが、当然一次電源側に生ずるリップル低減にも役立ちます。

　キャパシタ・バンクから一次電源入力点に向かって、コモン・モード・バイパス、ノーマル・モード・フィルタ、コモン・モード・フィルタの順に用意します。キャパシタ・バンクとノーマル・モード・フィルタの

□4. 一次系

間のコモン・モード・バイパスは通常は用意されないのですが、用意すればコモン・モード・ノイズ低減に有効です。

　コモン・モードの処理については三次系で述べます。ここでは電源電流そのものの変動を抑える、ノーマル・モード・フィルタについて考察します。

4.5.2　ノーマル・モード・フィルタ
　ノーマル・モード・フィルタはインダクタとキャパシタで構成します。
　スイッチの瞬間に大きな電流変化が生じ、配線の持つインダクタンスで電圧降下を生じ瞬間的にエネルギー供給が不足します。このためにスイッチング回路の直近にキャパシタ・バンクを用意しました。この電流変化を一次電源側に伝達しないようにインダクタを挿入すればよいのです。

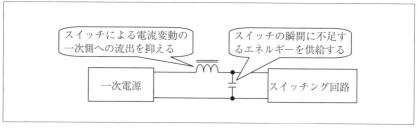

〔図4-84〕ノーマル・モード・フィルタ

　インダクタLとキャパシタCがつくるフィルタのカット・オフ周波数は、

$$fc = \frac{1}{2\pi\sqrt{LC}}$$

で決まります。カット・オフ周波数はインダクタンスLとキャパシタンスCの積で決まりますがLとCの組み合わせは自由です。どうやって決めるかですが、ひとつの手法はキャパシタ・バンクの容量を前提にインダクタを設定し、特性を確認しつつ調整するのが現実的です。

特性を確認するには回路シミュレータが活用できます。

4.5.3 減衰要求

　スイッチングの交流分を減衰させるとして目標値が必要です。現代では、各国毎に電磁適合性に関する規制が用意されています。これらの規制が目標になります。ここでは航空機搭載機器あるいは宇宙機器でよく使われる MIL-STD-461 の CE01 と CE03 の限界値を例としましす。

　MIL-STD-461 は米軍の規格で、Electromagnetic Interference Characteristics Requirements for Equipment、という名称です。Electromagnetic Interference は電磁干渉という意味です。EMI フィルタという呼び方はここから来ています。また EMC、Electromagnetic Compatibility、という言葉があります。これは機器が電磁干渉の規格を満たすことをいい電磁適合性または電磁両立性と訳されています。MIL-STD-461 は現在 G 版まで進んでいますが、プロジェクトごとに適用する版はまちまちで、また区分表示の仕方も変わっています。ここでは MIL-STD-461C を例にとります。

　電磁干渉を、
　機器が出す放射、Emission、と、機器が受ける妨害、Susceptibility、
　のふたつに大別します。さらに
　電線を伝わる信号、Conductive、と空間を伝わる信号、Radiative、
　のふたつに大別します。

　頭文字を組み合わせて、CE、RE および CS、RS と区分します。さらに周波数帯、波形等々の条件で細分し数字二文字あるいは三文字を付して表します。CE01 と CE03 は、電源線を伝わって機器から出てくる妨害信号に対する限界規格を示しています。

　スイッチング周波数を 100kHz とすると、100kHz が含まれる規定は CE03 です。

◻4. 一次系

次に制限値を示します。信号を Narrowband と Broadband のふたつの性質に区分し、それぞれに対して制限値を定めています。

Narrowband の制限値を次に示します。

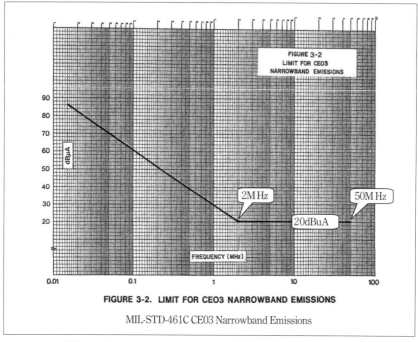

MIL-STD-461C CE03 Narrowband Emissions

〔図 4-85〕MIL-STD-461C CE03 Narrowband Emissions

周波数あるいは信号を明確に識別できるときは、Narrowband の制限値が適用されます。図中の直線が限界値で、この線を超えないことを要求しています。縦軸の dBuA は 1uA を 0dB とする電流単位です。20dBuA は 10uA、60dBuA は 1mA をそれぞれ表します。

スイッチング信号の周波数成分は、スイッチング周波数の整数倍にはっきりと識別できますから、Narrowband の制限値が適用されます。

Broadband の制限値を次に示します。

- 182 -

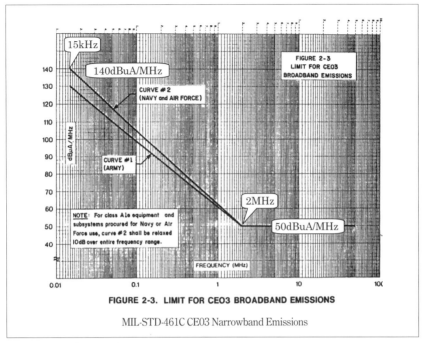

〔図 4-86〕MIL-STD-461C CE03 Broadband Emissions

　周波数をきちんと特定できないノイズ信号は Broadband に区分されます。広い周波数に亘って信号が分布するので電流値を 1MHz 帯域で正規化して dBuA/MHz で表します。

　限界値が電流で規定されているのは、妨害を与える信号のエネルギーを把握するためです。したがって設計するにも測定するにも電流で考えなければなりません。Narrowband と Broadband は測定するときの帯域幅ではなくノイズの性質を指していることに注意してください。

4.5.4　減衰量とカット・オフ周波数の設定

　スイッチング回路に流れる電流は方形波ですが同じ繰り返し周波数の正弦波に置き換えて考えます。

□4. 一次系

　方形波は、その繰り返し周波数と同じ周波数の正弦波とその高調波を
重ねたものです。したがって基本周波数に対してロー・パス・フィルタ
のカット・オフ周波数を定めれば、それより高い次数の高調波に対する
減衰は、基本波より高く、かつ振幅は小さくなるので問題ないと前提し
ます。

　PWM電源は電源電圧に応じてデューティが変わります。電源電圧の
最低値で最大の電流が流れますから、電源電圧の最低値で電力を割って
電流値を求めます。次に求めた値をその電源電圧におけるデューティで
割り、電流の波高値を求めます。

　スイッチングで生ずる交流は方形波ですが、方形波の振幅の最大値と
同じピーク・ツー・ピークを持つ正弦波に置き換えて考えることにしま
す。方形波の振幅を $2\sqrt{2}$ で割り実効値相当の値を求め、これをノイズ
源の電流値とします。

　この電流値を、1uAを0dBとするdBuA表現に変換します。電流をア
ンペアで扱っていれば電流値をそのままdBに直し、1Aは120dBuAで
すから、求めたdB値に120を足せばdBuA表現になります。

　減衰の目標は電磁適合性規格です。MIL-STD-461Cを適用するなら
CE01あるいはCE03の限界値が目標値です。スイッチング周波数に於
けるCE01あるいはCE03の限界値をdBuA単位で読み取ります。

　発生するノイズ電流をdBuAで表した値から、電磁適合性規格の
dBuAで表した限界値を差し引けば必要とする減衰量が求まります。

　一段のLCフィルタの減衰率は40dB/decです。「/dec」は周波数が10
倍変化した場合を示します。

- 184 -

今、周波数 ft で Gt dB の減衰を得たいとします。フィルタのカット・オフ周波数を fc、fc での利得を Gc dB とすると、40dB/dec を用いて次の関係が成り立ちます。

$$\frac{Gt - Gc}{\log ft - \log fc} = \frac{-40dB}{\log 10}$$

今、カット・オフ周波数における値からの減衰量で考えるとすれば、Gc=0dB として次を得ます。

$$\log fc = \log ft + \frac{Gt}{-40dB}$$

したがって、周波数 ft において必要とする減衰量 Gt dB が分かれば、LC フィルタのカット・オフ周波数を、これから求めることができます。

逆に、カット・オフ周波数が fc のフィルタを用いた場合に得られる減衰量は、Gc=0dB とおいて、次で得られます。

$$Gt = -40dB \times (\log ft - \log fc)$$

大雑把に検討をつけるには、40dB/dec と 12dB/oct を用いて、所望の減衰率に近い組合せをつくり、その組合せに応じて周波数 ft を 10 と 2 の組合せで割れば大凡のカット・オフ周波数が得られます。

例で考えましょう。

電源電圧は 24V から 34V、電力は 38W、スイッチング周波数は 100kHz とします。電源に対する CE 規定には MIL-STD-461C を適用します。

消費電力の設計値は 38W、電源の最低電圧は 24V ですから、消費電流の平均値は、$\frac{38W}{24V} = 1.58A$ 、です。電源電圧が 24V 時の PWM 制御のデューティを 80% と仮定すれば、実際の消費電流値は、$\frac{1.58A}{0.8} = 1.98A \approx 2A$ 、です。この方形波を両振幅が 2A の正弦波と仮定すると、実効値は、$\frac{2A}{2\sqrt{2}} = 0.7Arms$ 、です。

□4. 一次系

dB 換算すると-3dBA。120dB を足して dBuA に換算すれば 117dBuA
です。

スイッチング周波数 100kHz における MIL-STD-461C の CE 限界は
CE03 で規定されます。

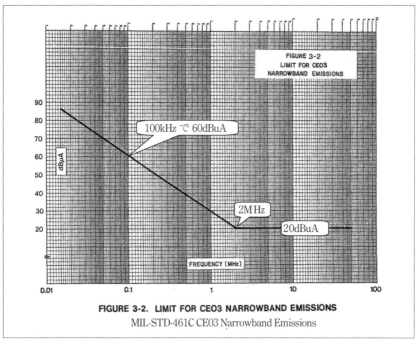

〔図 4-85 再掲〕MIL-STD-461C CE03Narrowband Emissions

100kHz に於ける制限電流値は 60dBuA です。
したがって必要とする減衰量は、$117dBuA - 60dBuA = 57dB$、です。

EMI フィルタに一段の LC フィルタを使うとします。

$$\log fc = \log ft + \frac{Gt}{-40dB} = \log 100 kHz - \frac{57}{40} = 5 - 1.425 = 3.575$$

これから次を得ます。

- 186 -

$$fc = 10^{3.575} = 3758 \fallingdotseq 3.8\,kHz$$

つまり 3.8kHz 以下のカット・オフ周波数の LC フィルタを用意すればよいことになります。

4.5.5 EMI フィルタのシミュレーション

シミュレーションで確かめるのですが、方法を考えてみましょう。

(1) 電圧源によるシミュレーション・・その 1

例題のフィルタを電圧源でシミュレートしてみます。

インダクタの値を 75uH と仮置きします。キャパシタを 23uF とすると、およそ 3.8kHz のカット・オフ周波数が得られ。負荷抵抗には 24V 時に 2A 相当の電流を流すように抵抗負荷 12Ω を用意します。インダクタの直流抵抗は 50mΩ と仮定します。キャパシタ回路にも抵抗 2mΩ があるとします。

シミュレートしてみます。結果は出力側の電流に対する入力側の電流の比で見ます。

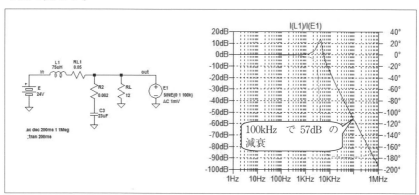

〔図 4-87〕周波数特性

目論見通り 100kHz で 57dB の減衰が得られています。
ところで、電流そのものを見てみましょう。

□4. 一次系

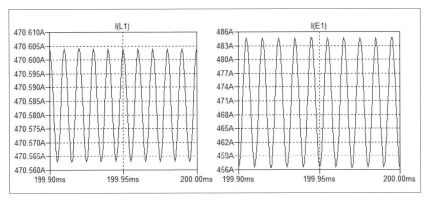

〔図 4-88〕電流、左が一次電源入力点、右が信号源

　上図左はインダクタ L1 の電流、上図右は信号源 E1 の電流です。
　インダクタ L1 の電流振幅に着目してみましょう。40mApp と読めます。14mArms です。出力限界値は 1mArms でした。これでは限界を超えてしまっています。減衰が稼げているという結果と合いません。

　問題は、信号源として用意した電源にあります。シミュレータの電圧源は理想電圧源です。つまり内抵抗ゼロなので一次電源を短絡しているからです。上のグラフの電流値の絶対値を見てください。400A という想像できないような大電流が流れています。これではシミュレーションは成り立ちません。

(2) 電圧源によるシミュレーション・・その 2
　電圧源によるシミュレーション・・その 1 での問題は、信号源を負荷抵抗に直列に入れることで解決できます。信号源は負荷を短絡することはありませんし、信号源の内抵抗はゼロなので負荷抵抗も変化しません。シミュレートしてみます。結果は出力側の電流に対する入力側の電流の比で見ます。

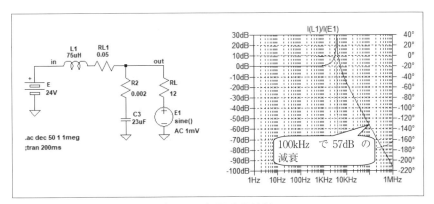

〔図4-89〕周波数特性

　その1に比べるとピークが高くなっています。信号源が回路を短絡していませんから、フィルタと負荷抵抗の関係がくずれないので、この方が正しい応答です。減衰特性は変わらないのでその1とその2で100kHzにおける減衰量は変わりありません。

(3) 抵抗負荷とスイッチによる電流シミュレーション
　例題のフィルタを、実際のスイッチングに近い形でシミュレートすることを考えてみます。
　負荷抵抗にスイッチを入れて、このスイッチをオン・オフしてみます。

　定数は電圧源でのシミュレートと同じです。負荷抵抗にスイッチを直列に挿入しスイッチを方形波で動かしてPWMスイッチングを模擬します。

□4. 一次系

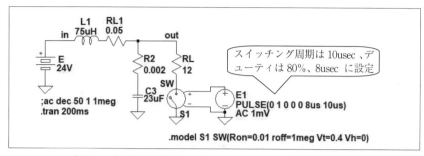

〔図 4-90〕抵抗負荷とスイッチによるシミュレーション

　電源は直流 24V、スイッチ・オン時の電流は 2A ですから、抵抗負荷は 12Ω とします。スイッチの繰り返し周期は 100kHz 相当の 10us、オン・デューティは 80% ですから、オン時間を 8us に設定します。

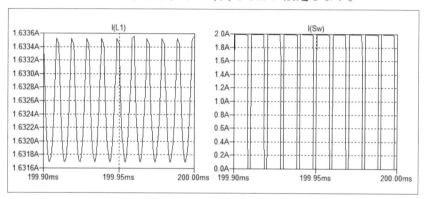

〔図 4-91〕電流、左が一次電源入力点、右が信号源

　上図右がスイッチング電流です。2.0A 振幅でスイッチされているのが分かります。上図左がインダクタ L1 に流れる電流です。L1 を流れる電流の振幅はおよそ 1.8mApp と読めます。実効値に換算すれば約 0.64mArms です。CE03 の規定 60dBuA というのは 1mArms ですから、限界値を満足できていることが分かります。

(4) 電流源負荷を用いた電流シミュレーション

　LTSpiceの部品の中に電流源負荷というのがあります。シミュレーション上の性質は電流源と変わらないのですが、電圧がかかっているときだけ電流源になり、そうでないときは何も出力しないというものです。電流源なのでインピーダンスは無限大、つまり回路の負荷にはなりません。

　例題のフィルタを、この電流源負荷を使ってシミュレートしてみます。シミュレーション回路は次のとおりです。

　電流源負荷は、電流値2A、オン時間8us、繰り返し10usに設定します。

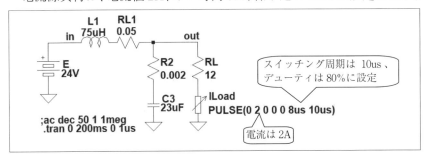

〔図4-92〕電流源負荷を用いたシミュレーション

　結果は次のとおりです。

　インダクタL1を通る電流の振幅は1.6mAppと読めます。実効値換算では0.6mArmsです。先のシミュレーション結果と同じで、限界値の1mArmsを満足しています。

□4. 一次系

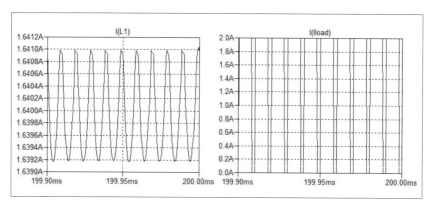

〔図 4-93〕電流、左が一次電源入力点、右が信号源

　上図右が定電流源です。2.0A 振幅でスイッチされているのが分かります。
　上図左がインダクタ L1 に流れる電流です。L1 を流れる電流の振幅はおよそ 1.8mApp と読めます。実効値に換算すれば約 0.64mArms です。抵抗器とスイッチの組み合わせのシミュレートと同じ結果が得られました。電流の絶対値が微妙に違います。これは負荷の与え方の差です。定電流負荷の場合は、電流源の抵抗は無限大なので、負荷抵抗 12Ω は無視されるからです。

(5) 電流源負荷を用いた周波数特性のシミュレーション

　電流源負荷を使ってシミュレートする利点は、電流源を正弦波にすればフィルタの周波数特性を読めることです。

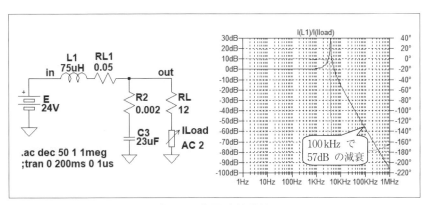

〔図 4-94〕周波数特性

インダクタ L1 を通る電流は、電流源の電流に対して、目論見通りの 57dB の減衰が得られています。

(6) 電圧源による電流シミュレーション

再度電圧源を用いて考えてみましょう。電圧源の電圧を一次電源電圧と同じにすれば電流は流れ込みません。ゼロにすれば負荷抵抗に電流が流れます。そこで電圧源を、振幅は一次電源電圧とおなじ、オンとオフが実際とは逆になった方形波にします。

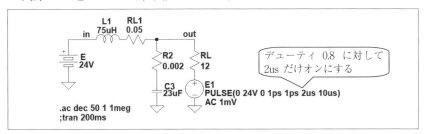

〔図 4-95〕電圧源による電流シミュレーション

□4. 一次系

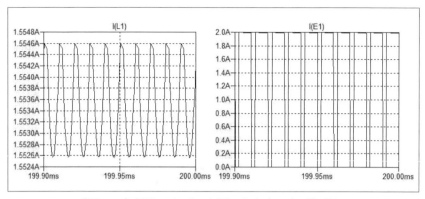

〔図4-96〕電流、左が一次電源入力点、右が信号源

　右が負荷抵抗に流れる電流です。目論見どおりデューティ80%の方形波になっています。インダクタL1の電流は、2mAppと読めます。実効値に換算すると0.7mArms、期待通りの電流に抑えられていることが分かります。

4.5.6　シミュレーション例
　例1 100kHz DCDCコンバータ
　手元のフィルタ設計を流用して電流源負荷でシミュレートし実用になるかを検討しましょう。電源電圧は24Vから34V、電力は38W。スイッチング周波数は100kHz、電源電圧24Vでデューティ80%です。電源に対するCE規定適用はMIL-STD-461C、必要減衰量は57dBです。
　インダクタの直流抵抗はL1、L2共に50mΩと仮定します。結果は次のとおり。リップルはほぼゼロと見なしてよいと思います。

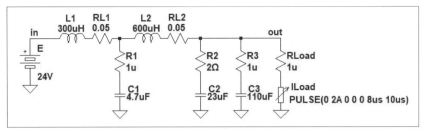

〔図4-97〕フィルタ例のシミュレーション

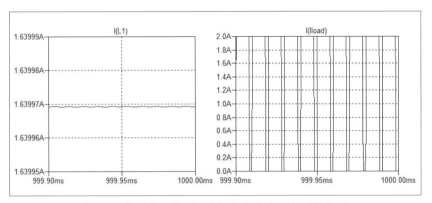

〔図4-98〕電流、左が一次電源入力点、右が信号源

電流源負荷を正弦波にして周波数特性を求めてみます。

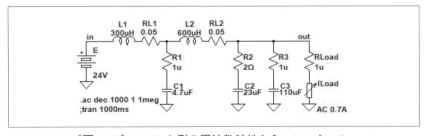

〔図4-99〕フィルタ例の周波数特性シミュレーション

□4. 一次系

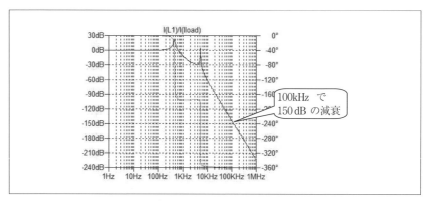

〔図 4-100〕周波数特性

　100kHz における減衰量は約 150dB です。源泉信号の電流値が 117dBuA ですから、117dBuA − 150dB ＝ − 33dBuA、つまり 20uA 程度ですからリップルが殆ど判別できなかったのです。現実には 150dB の減衰を得るのは至難ですが理論上はということです。

　ここで周波数特性に表れているピークについて考えましょう。
　約 500Hz 近傍のピークは、L1 と L2 の直列接続のインダクタンス 900uH と、C3 の 110uF のキャパシタンスとの共振点です。
　約 5kHz 近傍のピークは、L1 と L2 の並列接続のインダクタンス 200uH と、C1 の 4.7uF のキャパシタンスとの共振点です。

　110uF のキャパシタはキャパシタ・バンクとしての役割もありますから、ダンピング抵抗を挿入するわけにはゆきません。5kHz 近傍のピークによる振動はダンピング抵抗でピークをつぶして抑えることができます。100kHz における減衰は若干悪化しますが問題ありません。

　ダンピング抵抗 R1 を 2Ω とした場合を次に示します。

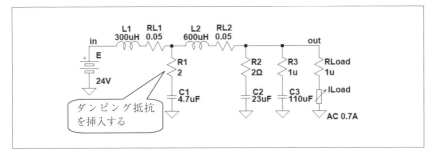

〔図 4-101〕ダンピング抵抗の追加

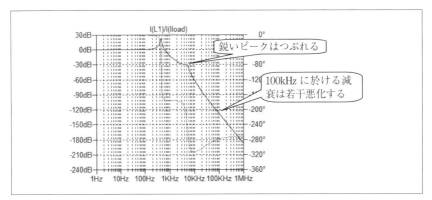

〔図 4-102〕周波数特性

＜コラム＞シミュレーションでのインダクタの直流抵抗
　シミュレーションする際は、インダクタの直流抵抗の現実に近い値を入れるようにします。というのは、スイッチングに伴いインダクタとキャパシタの作る共振回路に共振電流が流れるのですが、ダンピング要素が殆どないので振動電流がなかなか減衰してくれません。インダクタンスに直流抵抗を設定すれば、これがダンピング要素となってくれるわけですし、現実の回路に近いものになります。
　なお、シミュレータで用意している回路要素のインダクタを用いるとデフォールトで 1mΩ 程度の抵抗が設定されます。これはシミュレーションで電流を求める都合上です。

□4. 一次系

> シミュレータではインダクタの部品データとして直流抵抗が設定でき
> るようになっていますが、直列抵抗を挿入して明示的に直流抵抗を示す
> 方が、シミュレーションの前提条件が明示されるので良いと思います。

例2 10kHz スイッチング回路

スイッチング周波数が低い場合を電流源負荷でシミュレートしてみま
しょう。スイッチング周波数は 10kHz、最大電流は 100A、デューティ
は 50% とします。

ノイズ源を 100App の正弦波と考えることにします。

100Appの正弦波の実効値は、$\dfrac{100A}{2\sqrt{2}} = 35.4 Arms$ 、です。

dB 換算値は 31dB、dBuA 換算すれば 120 を足して、151dBuA です。

スイッチング周波数 10kHz における MIL-STD-461C の CE 限界は CE01
です。

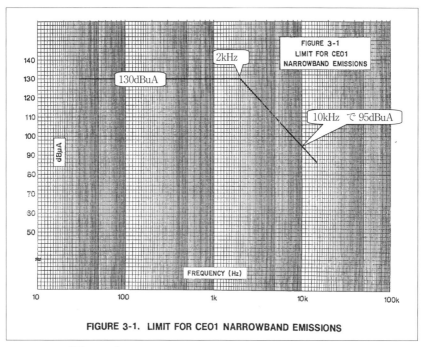

FIGURE 3-1. LIMIT FOR CE01 NARROWBAND EMISSIONS

〔図4-103〕Mll-STD-461C CE01 Narrowband Emissions

10kHzにおける限界値は95dBuAです。
したがって、必要な減衰量は、151dBuA-95dBuA=56dB、です。

EMIフィルタに一段のLCフィルタを使うとします。
$$\log fc = \log ft + \frac{Gt}{-40dB} = \log 100\,kHz - \frac{56}{40} = 5 - 1.4 = 3.6$$
これから、$fc=4.0kHz$、を得ます。4kHz以下のカット・オフ周波数の
LCフィルタを用意すればよいことになります。

既製のフィルタを試してみます。

□4. 一次系

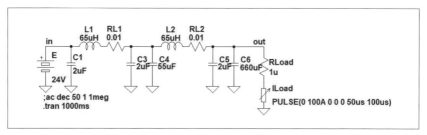

〔図4-104〕フィルタ例の電流シミュレーション

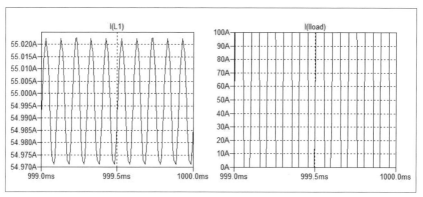

〔図4-105〕電流、左が一次電源入力点、右が信号源

50mApp実効値換算で17.7mArms。限界電流値は95dBuAでした。これは56mA相当ですから十分に下回っています。

周波数特性を求めてみます。

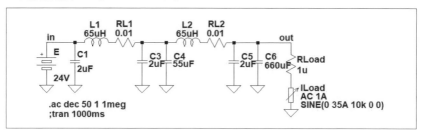

〔図4-106〕フィルタ例の周波数特性シミュレーション

- 200 -

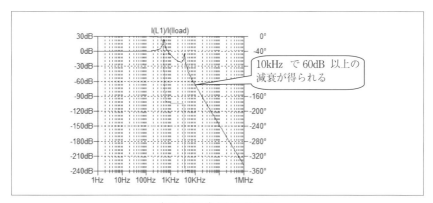

〔図 4-107〕周波数特性

10kHz で 60dB 以下の減衰が得られています。必要減衰量は 56dB でしたから足りていることが分かります。

4.5.7　フィルタ構成について

LC フィルタは簡単なインダクタとキャパシタひとつずつの構成でも 40dB/dec という大きな減衰が得られます。理論的には周波数が高くなるにつれて 40dB/dec にしたがって減衰が得られる理屈ですが現実には 60dB 位、配置や配線に気をつけても 80dB 位と考えておくのが安全です。

-80dB という値は 10,000 分の 1 という大きな減衰量です。出力から入力を逆にみれば 10,000 倍の利得があるということです。

入出力の配線間に 100pF の漂遊容量があるとしましょう。100kHz におけるリアクタンス Xc は、$Xc = \dfrac{1}{2\times\pi\times 100kHz \times 100pH} = 16k\Omega$、です。電圧差が 24V の 10 分の 1 あるとすると、$\dfrac{24V\times 0.1}{16k\Omega} = 150uA$、のもれが生ずることになります。これが入力に帰還して増幅されると考えると感覚的に理解できると思います。したがって 60dB 位を目安として、足りなければ 2 段構成をとる方が安全です。

□4. 一次系

　LCフィルタの一次電源側にキャパシタを入れればCLC構成のパイ型
フィルタになるのですが、一次電源側のキャパシタは大きな値を避けて
小容量に留めるようにします。これは電源オン時の突入電流防止のため
です。一次電源側からみると直接キャパシタが短絡された形になるので、
電源オン時の充電電流が大きく流れるからです。

5.
三次系

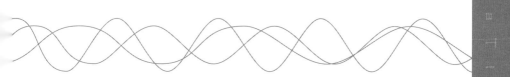

おかしな表題を使いますが、整流回路、二次系、一次系を設計すれば、電源設計は殆ど終わった感なのですが、これは電気設計の主流部分が終わっただけです。実は見えざる回路の設計の良し悪しが全体設計の良し悪しを支配するので、三次系という言葉を使ってみました。

　整流回路、二次系、一次系と、ここまで述べたとおりに進んできたとすれば、接続図ができ、素子が決まり、抵抗、キャパシタあるいはインダクタの定数が決まります。少なくとも電源としての機能は出来上がっていますし、入力、出力の性能は出来上がっています。

　ところが、回路の動作点の安定性、高周波交流特性、制御ループの安定性、外部機器、つまり一次電源あるいは負荷に対する不要な信号の除去等々に対しての設計が残っているのです。

　たとえばスイッチング回路につきもののスパイク・ノイズはノイズそのものだけに目が行きますが、電源の安定動作あるいは出力の品位とも絡んできますから徹底して対策を打つ必要があります。

　コモン・モード・ノイズの電流パスは接続図上では見えない回路ですが、実装した回路には厳然として存在します。対策を打たずにおくと負荷側にノイズが流れ出し、ノイズ電流がインピーダンスの低い箇所を探しながら流れる結果、負荷側のコンフィギュレーションを変えると異常の起きる箇所が移るといった不可解な症状を引き起こします。また負荷のリターン電位を不安定にする結果、回路が機能しなくなったり期待と異なる動作になったりします。

　電磁適合性試験の中に、電源ラインに妨害波を加えて不安定にならないかを点検するものがあります。回路構成によっては妨害に弱い回路になってしまいます。PWM 制御用 IC は高利得のアンプを内蔵していますから、これに対する対策をとっておく必要があります。

5. 三次系

　これらのノイズを抑えるには回路上の対策が必要ですが、実装設計も重要です。これら電源にまつわる見えざる回路を三次系と称してみました。

5.1 スパイク対策
　PWM電源につきまとうスパイクについて考えます。

　スパイク、spike、とは尖っていて長いものを指します。五寸釘もスパイクと言います。スパイク・ヒールといえば細くて長いヒールを持つ靴を指します。最近はピン・ヒールの方が、通りが良いようです。

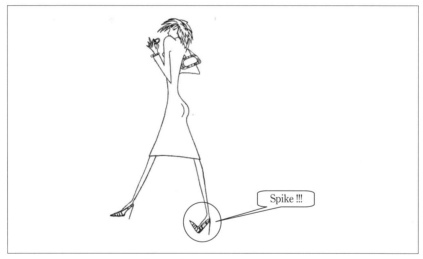

〔図5-1〕スパイク・ヒール

　美しい人が履くスパイク・ヒールは美しい人をさらに美しく引き立たせるものですが、PWM電源におけるスパイクは、たんなる厄介者に過ぎません。

　スパイク対策が面倒なのは、ライン・レギュレーション、ロード・レ

ギュレーションそれにリップル等はきちんと理論計算して設計できるのに対して、計算に載らないということです。無論、回路や実装すべてを組み入れたモデルを作って過渡応答を求めれば計算できなくはないのですが、実装に依存する部分も大きく、モデルを作るには膨大なデータ・ベースを必要とします。

よく分からないスパイク対策に多くの手間暇をかける訳にはゆきませんから、結局のところでき上がり任せ、したがって試作段階で、うんうん唸りつつカット・アンド・トライに汗水流すことになるのです。

実際のスパイク波形は次のようなものです。

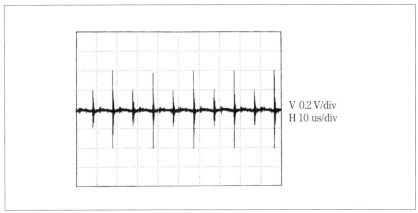

〔図 5-2〕スパイク波形

スイッチングのオンとオフのタイミングで発生します。電源電圧や負荷の状況によって波高値や形態が変わります。上の例ではオフ時のスパイクの波高値が小さいのですが、負荷を変えると大きくなってきます。

PWM 電源は方形波を扱います。スイッチングのオンあるいはオフのタイミングでスパイクを生じます。PWM 電源にはつきものと考えなければなりませんが、発生のメカニズムを理解し、部品配置や配線に考慮

□5. 三次系

し、対策をとれば恐れる必要はありません。

５.１.１　スパイクが引き起こす問題

　スパイクが引き起こす問題点を考えましょう。整理して見ると意外と少ないのです。

　　　負荷の電源電圧仕様範囲の逸脱
　　　EMC CE 仕様の逸脱
　　　PWM 制御の不安定

(1) 負荷の電源電圧仕様範囲の逸脱

　負荷の動作に影響しなければスパイクを問題にすることはありません。直流出力の全電圧範囲に、リップル電圧の振幅電圧を加え、さらにスパイク電圧を加えた値が、負荷の仕様電圧範囲を超えず、負荷の交流感度を超えなければよいのです。

　スパイク電圧はオシロスコープで測定した値を使うことになりますが、オシロスコープで測定された波形が必ずしも忠実にスパイクを表していないことに注意が必要です。スパイクには非常に高い周波数成分が含まれている可能性があります。昨今のデジタル素子の動作周波数は非常に高くなりました。動作周波数が高いということは、高い周波数成分に対して感度をもつということです。オシロスコープで見えない成分に反応するかもしれません。

　高い周波数成分を画面上で正確に確認することは至難です。したがって観測された波高値にマージン分を上乗せします。いくら載せるかは難しいのですが、著者は十分に帯域の広いオシロスコープを用いて観測しても、最低限２倍、+6dB として考えることにしています。測定した波高値が 100mVop であれば、実際の波高値を 200mVop と考えるのです。+6dB の根拠が何かと聞かれても困りますが。

－ 208 －

(2) EMC の CE 仕様逸脱

EMC とは電磁適合性あるいは電磁両立性のこと、CE とは、Conductive Emission、の略で電線を伝わって機器から出てゆく電磁信号のことです。電源設計では CE を常に頭において設計しなければなりません。不要な信号を一次電源線に載せないことと、往々にして忘れられてしまうのですが、負荷側にも不要な信号を出力しないことです。

スパイク・ノイズはコモン・モード形態で出力されることが圧倒的に多いので、コモン・モード・ノイズ対策の項で触れることにします。

(3) PWM 制御の不安定

負荷の電源電圧仕様範囲の逸脱および EMC の CE 仕様逸脱は、それぞれ PWM 電源の発するスパイク・ノイズの外部へのばらまきの問題ですが、電源内部では制御不安定という自家中毒問題を引き起こします。

PWM 制御に使うフィード・バック電圧信号にスパイクが重畳すると PWM 制御が不安定になります。不安定になるといっても PWM 動作が死んでしまうということはまずなく、大抵の場合負荷に正弦波状の振動が載る形で現れます。

PWM 制御をおさらいします。
PWM 制御ループの構成を再掲します。

□5. 三次系

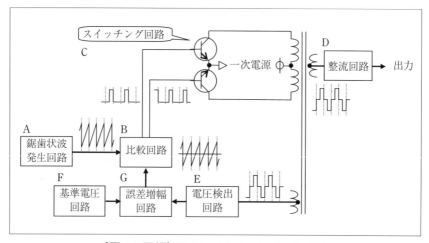

〔図1-3再掲〕PWM DCDC コンバータ構成

　電圧検出回路で出力電圧を読み取ります。これと基準電圧との差をとります。この誤差出力と鋸歯状波とを比較し、鋸歯状波が誤差増幅回路の出力を超えればスイッチング回路をオンにします。出力電圧が上昇すれば、比較電圧が高くなりスイッチングのオン時間は短くなり、低くなれば長くなります。

　この波形の時間関係を見てみましょう。

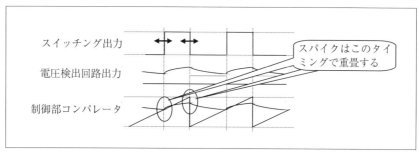

〔図5-3〕スパイクとスイッチングのタイミング

　電圧検出回路出力にリップルが残存している場合を示しています。鋸

歯状波と誤差アンプ出力を比較してスイッチする、ちょうどその時点に、リップル波形の変曲点がきます。このためスイッチングのタイミングが微妙にずれてスイッチングにジッタが現れます。ジッタそのものの周波数はランダムですが、制御ループ内に共振回路があるとその周波数で制御ループが振動を始めます。

スパイクはスイッチング・オンとオフのタイミングで生じます。したがって上のリップルの変曲点によるものと同じメカニズムでスイッチングのジッタを起こします。

ジッタはスイッチングそのもののタイミングが揺れるので、電力つまりエネルギーが大きく、共振を誘引します。共振要素は制御ループ内になくても負荷側に存在しても起こります。ジッタが二次側に伝達される、二次側の共振回路で振動が起こる、二次の負荷変動が起きたのと同じことなのでトランスの磁束密度が変動する、電圧検出回路の出力が変動する、というメカニズムで振動が継続します。

次はスパイクが原因でスイッチングがジッタを起こし、出力に正弦波が重畳した例です。

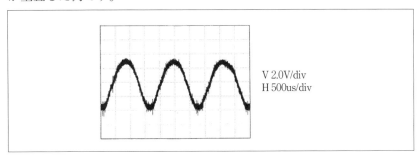

〔図5-4〕ジッタによる正弦波重畳

綺麗な正弦波状です。二次側にいくつかある整流回路の中のひとつのインダクタとキャパシタの共振周波数に一致していました。

- 211 -

□5. 三次系

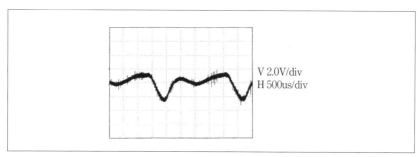

〔図 5-5〕ジッタによる交流重畳

　不可解な様相を示していますが、やはり二次側の整流回路のインダクタとキャパシタの共振によるものです。ふたつの二次出力のそれぞれの整流回路の共振周波数の差が現れていました。

　電源を動作させて直流を期待しているのに正弦波が出てくるとどきっとしますが、綺麗な正弦波が出るということは、どこかにその周波数と一致する共振回路があるはず、そして共振を持続するに足る交流エネルギーの補給がある、という観点で解析してください。

　原因は、電圧検出回路へのスパイク混入ですから、対策はスパイクそのもののレベルを下げることが第一でスパイク対策を講じれば消滅します。

　PWM IC には、誤差アンプの高域の補正が出来るように端子が用意されています。ここにキャパシタと抵抗で補償を加えてやると正弦波状の振動が止まる場合もありますが、もともとスパイクが原因であるなら、スパイクを抑えるのが本筋です。スパイクに限らず PWM 動作が不安定なときに高域補正を加えると安定になることがありますが、たいていの場合原因が他にあります。高域補正が必要になった時は、なにか要因があるのだと疑ってかかってください。

5.1.2　スパイクの発生

　スパイク対策を考えるために、スパイク発生のメカニズムを考えてみ
ましょう。

　ノイズはエネルギーが形態を変える部分で発生します。
　PWM 電源の場合は一次側のスイッチング素子、そして二次側のダイ
オードです。一次側では直流電力をスイッチして交流電力に変換します。
二次側ではスイッチされた交流電力の経路を制御して直流電力に変換し
ます。ノイズ発生の源泉はトランジスタ、FET あるいは整流ダイオー
ドなどのスイッチです。

　トランジスタ、FET あるいは整流ダイオードのスイッチングに伴い、
電流の変化や電圧の変化が生じます。これらと回路素子の組合せでスパ
イクが発生します。トランジスタ、FET あるいはダイオードなどのス
イッチ操作の瞬間に、回路のインダクタンスあるいはキャパシタンスに
よって発生する過渡電圧あるいは過渡電流がノイズの発生源でありエネ
ルギーなのです。

　インダクタは電流変化があると電圧を発生します。インタグタンスを
L、電流を i とすれば発生する電圧 V は次です。

$$V = L \bullet \frac{di}{dt}$$

　MOS FET、IRHMS57160 の動作時間を見てみましょう。

□5. 三次系

Electrical Characteristics @ Tj = 25°C (Unless Otherwise Specified)

	Parameter	Min	Typ	Max	Units	Test Conditions
$t_{d(on)}$	Turn-On Delay Time	—	—	35		V_{DD} = 50V, I_D = 45A
t_r	Rise Time	—	—	125	ns	V_{GS} = 12V, R_G = 2.35Ω
$t_{d(off)}$	Turn-Off Delay Time	—	—	75		
t_f	Fall Time	—	—	50		

IRHMS57160 Radiation hardened Power MOSFET 24-Jul-2006
International Rectifier

〔図 4-3 再掲〕IRHMS57160 のスイッチング特性

　ターン・オンの遅延分を除けば、オンに要する時間、Rise time、は最大 125ns です。FET がスイッチする電流が 5A だとします。配線のインダクタンスが 0.1uH あるとすれば過渡的に次の電圧が生じます。

$$V = L \bullet \frac{di}{dt} = 0.1 \times 10^{-6} H \times \frac{5A}{125 \times 10^{-9} s} = 4V$$

　スイッチの瞬間に配線には 4V のスパイク状の電圧降下が生ずるということです。125ns は最大値ですから、普通はもっと短い時間でオンになりますから値はさらに大きくなるということです。上限は FET のオン時間の最小値の場合です。データ・シートには載っていないので分かりません。

　一方オフに要する時間は遅延分を除けば、Fall time、で最大 50ns ですから、配線のインダクタンスが 0.1uH あるとすると、

$$V = L \bullet \frac{di}{dt} = 0.1 \times 10^{-6} H \times \frac{5A}{50 \times 10^{-9} s} = 10V$$

　実に 10V もの電圧が発生します。無論普通はもっと短い時間でオフになりますから、さらに大きな値になるということです。上限は FET のオフ時間の最小値の場合です。

　キャパシタは電圧変化があると電流が流れます。キャパシタンスを C、電圧を v とすれば発生する電流 I は次です。

$$I = C \cdot \frac{dv}{dt}$$

一次電源電圧が 30V ならスイッチの度に 30V の電圧変化が生じます。FET のダイとケース間の漂遊容量が 50pF だと仮定します。ターン・オフの場合を例にとります。ターン・オフ時間は最大 50ns でしたからターン・オフの瞬間には、少なくとも次の電流が流れます。

$$I = 50 \times 10^{-12} F \times \frac{30V}{50 \times 10^{-9} s} = 30\,mA$$

FET のダイとケースの間に 30mA 以上の電流が流れる、厳密には流せる能力がある、ということが分かります。上限は FET のオフ時間の最小値の場合です。

最近のスイッチング素子は殆どが FET になってしまいましたが、トランジスタと比較してみましょう。2N5672 を例にとります。

ELECTRICAL CHARACTERISTICS (T_c = 25°C unless otherwise noted)					
Characteristic		Symbol	Min	Max	Unit
SWITCHING CHARACTERISTICS					
On Time	V_{CC} = 30 V	t_{on}		0.5	us
Storage Time	I_C = 15.0 A I_{B1} = -I_{B2} = 1.2 A t_p = 0.1 ms	t_s		1.5	us
Fall Time	Duty Cycle ≦2.0%	t_f		0.5	us
2N5672 NPN Power transistor　MOSPEC					

〔図 4-1 再掲〕2N5672 のスイッチング特性

オン、On time、オフ、Fall time、も共に最大 0.5us です。Power MOS FET、IRHMS57160 と比較すると、オン時間は 4 倍、オフ時間は 10 倍もあります。その分スイッチングに伴って生ずる電圧あるいは電流も FET に比べると 4 分の 1 あるいは 10 分の 1 になります。

FET はトランジスタに比べてスイッチング特性がよいのが特徴ですが、スイッチに伴うノイズ・エネルギーが大きくなるのを覚悟しなければなりません。

5.1.3 スパイク対策

スパイクと言わずノイズ対策の原則があります。

ノイズは外部からエネルギーの供給を受けて発生しますが、外部に供給できるノイズ・エネルギーは有限です。ノイズ源が持つエネルギーをすべて電源内部で消費してしまえばノイズは外部に流出しません。

対策は、次の二点です。

ノイズの発生エネルギーそのものを小さくすること、

ノイズの発生エネルギーを小さな閉回路に流して消費すること、つまり熱にすること、

(1) 発生エネルギーの削減

一次側ではスイッチング素子回り、つまりスイッチングFETあるいはトランジスタの周囲環境を整備します。

第一に、インダクタンス成分の削減を図ります。

スイッチング素子回りの回路をおさらいします。キャパシタ・バンクから一次電源側はEMIフィルタもあり直流になっているとして、交流の流れる部分に着目し、接続図に配線の持つ漂遊インダクタンスを入れてみます。

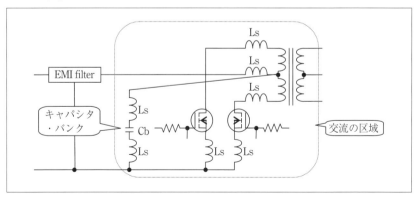

〔図5-6〕漂遊インダクタンスの存在

- 216 -

漂遊インダクタンス Ls を挿入した部分は FET のスイッチングに伴って、電圧降下が生じ、また電圧上昇が生じます。スパイクの発生、の項に記したとおり、たかが配線されど配線で大きな電圧を発生します。

図で漂遊インダクタンス Ls を挿入した以下の配線は極力短くしなければなりません。
　　トランスと FET 間、
　　トランスの中点とキャパシタ・バンク、
　　FET のソースとキャパシタ・バンク、
　　キャパシタ・バンクのリード線。

短くというのは、直に接続するくらいの感覚です。部品配置がきわめて重要です。完成してからは手を入れにくいので、設計の初期段階でしっかりと検討しておかなければなりません。電気設計者だけでなく基板設計者や機構設計者と一緒に考えましょう。

スパイクの発生、で述べたとおり配線で生ずるのはスパイク電圧だけでなくスイッチング電流による電圧降下も発生します。スイッチ・オンの瞬間に急激に電流が流れようとするのを配線の漂遊インダクタンスが阻害します。電圧降下は電源効率を下げます。このためにも短くしなければなりません。

第二に、キャパシタンスによる成分の削減を図りますが、残念ですが次に記すように漂遊容量そのものを小さくするのは難しいので、事実上発生は避けられないと考えてください。

5. 三次系

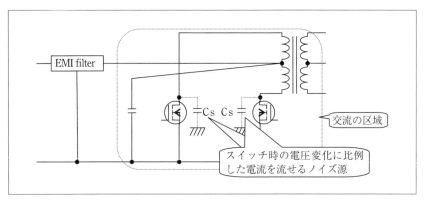

〔図 5-7〕漂遊容量の存在

　電圧が上下するのは FET のドレインですから、FET の中のダイとケース間の漂遊容量、ドレイン配線とシャーシ間の漂遊容量それにトランス巻線とコア間の漂遊容量が対象です。対シャーシ間の漂遊容量を減らせばよい理屈なので部品をすべてシャーシから遠ざければ済みそうですが、FET もトランスも発熱体なのでシャーシから離すことはできません。

　仮に宙に浮かしたとすると、まわりに何か近寄るものがあれば漂遊容量を介して電流を流そうとするので、訳の分からない不安定な動作をする可能性があります。そうなるよりはノイズ発生を許容し、漂遊容量を固定して安定な動作を期待する方が安全です。

　二次側も一次側と同様、交流の流れる部分に着目し、配線の持つ漂遊インダクタンスを入れて接続図を描いてみます。

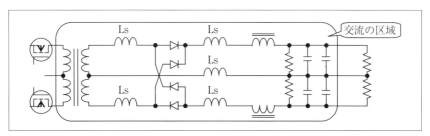

〔図 5-8〕二次系の漂遊インダクタンス

　トランスとダイオードの間、ダイオードとインダクタの間が問題です。ダイオードとインダクタは、後ろにインダクタが控えているので同じことのように思えますが、インダクタは通常鉄心入りなので高周波特性が悪く、一方、配線は空芯なので高周波特性がよいという差異があり、急激な電流変化のような高周波域では配線が有効なインダクタンスとして働きます。

　二次側も一次側同様、漂遊インダクタンスを極力小さくする必要があります。つまり配線長を短くすることです。設計時の部品配置が善し悪しを決めます。

　とはいうものの、すべての整流回路をトランスのそばに持ってくるのは無理な相談です。一次側と二次側の違いは電流値です。電力が同じならば、二次側の出力電圧が比較的高ければ電流値は小さく発するノイズも小さなものになり、二次側の出力電圧が低いと電流は大きく問題が大きくなります。したがって、一番負荷電流の大きな整流回路を極力トランスの近くに配置し、以下負荷電流が大きい順にトランス近くに並べるようにしてやります。

(2) 発生エネルギーの消費
a スナバ
　スナバとはキャパシタと抵抗の直列回路でスイッチの接点保護の目的

□5. 三次系

でスイッチの両端に接続されるものをいいます。

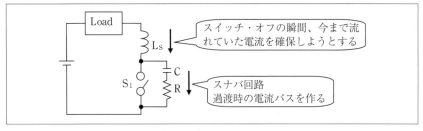

〔図 5-9〕スナバ回路

　今まで閉じられていたスイッチ S_1 を開きます。負荷および配線の持つインダクタンスは今まで流れていた電流を確保しよう、つまり今まで蓄えていたエネルギーを放出しようとします。回路はスイッチで切られましたから理論的には負荷抵抗は無限大、したがってスイッチの両端には非常に大きな電圧が発生し、スイッチを壊しかねません。高電圧大電流だとスイッチの接点間の空気がイオン化しプラズマ状態となってスイッチが切れなくなるということもあります。

　スイッチの接点間にキャパシタと抵抗の直列回路を挿入してやると、過渡時はスナバ回路を通して電流が流れインダクタンスの持つエネルギーを消費し高電圧の発生を防ぎます。つまりスナバ回路はスイッチ過渡時の電流パスをつくっているのです。もともとはスイッチの接点保護目的の回路ですが、接点保護は大きな電圧発生を防いで実現していますから、同時にノイズ抑制回路になるのです。

　一次側のスイッチング素子であるトランジスタあるいはFET、二次側のダイオード等、すべてスイッチですから、スナバを挿入して保護してやると同時にスパイク抑制を図ります。

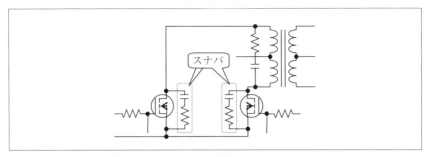

〔図 5-10〕スイッチング素子に対するスナバ

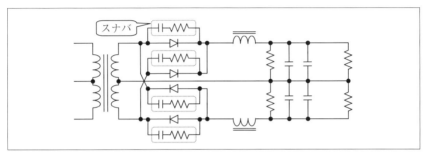

〔図 5-11〕ダイオードに対するスナバ

　スイッチングに伴う過渡電流の流れる経路を考えましょう。
　トランスと FET の間の配線の漂遊インダクタンス Ls を電圧源とする閉回路は接続図上では次のようになります。

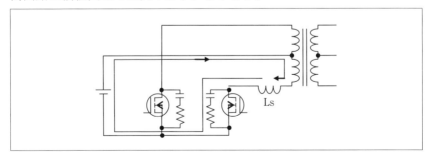

〔図 5-12〕スイッチングに伴う過渡電流の経路

□5. 三次系

　FETに並列に挿入されたスナバ回路をとおり、電源をとおり、トランスの中点とコイルを通って配線の漂遊インダクタへと環流します。

　実際にこのように流れるかというと必ずしもそうはなりません。スパイクの成分が非常に高い周波数であることを思い出してください。こんな長い経路、つまりインピーダンスの高い経路は流れにくいので、もっとインピーダンスの低い経路を探します。

　たとえば、トランスのコイルとコアとの間の漂遊容量、FETのソースです。大型のトランスなら普通のこと、トランスは発熱体でもあるので、シャーシに設置することが多いのです。その場合はコアが接地と低いインピーダンスでつながります。通常FETのソースもキャパシタでシャーシにバイパスされています。この方が流れやすいパスでしょう。

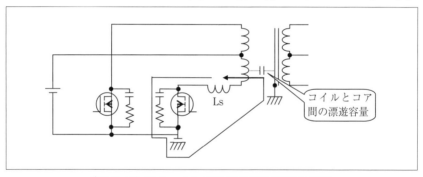

〔図5-13〕スイッチングに伴う過渡電流の経路

　ノイズ電流はインピーダンスの低いところを探して流れます。これには実装設計が大きく寄与します。したがって、ここを流れると接続図上で指定は出来ませんが、どこかに閉回路が存在することを常に頭に置いてください。

　さて、このようにノイズ源はルートを探してエネルギーを放出しようとしますが、回路はインダクタンス、キャパシタンスそして抵抗で構成

されますから、当然漂遊インダクタンスと漂遊キャパシタンスで決まる周波数、そしてスナバの抵抗で決まるダンピングで、振動しつつ減衰してゆきます。事実スパイクを拡大してみると振動しているのが分かります。

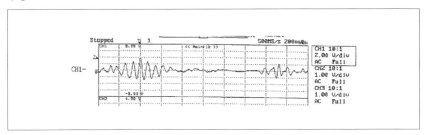

〔図5-14〕スパイクの拡大図

　この例ではおよそ15MHz で振動していることか分かります。インダクタンスを 0.5uH と仮定するとキャパシタンスは 225pF あるということです。

　スパイクを小さくするための条件は、スパイクのエネルギーを極力早く抜き取ることです。これは二次系の過渡応答の問題です。抵抗分が小さく減衰が小さければ系の応答は良いのですが減衰が遅くなる、抵抗分が大きければ減衰は大きくなるが系の応答が悪くなる、もっとも応答の良いのがクリチカル・ダンピングと呼ばれるもので減衰係数は 1。したがって、スナバの抵抗分は減衰係数1前後を狙うのがよいということになります。

　減衰係数を与える抵抗値を決めるためには漂遊インダクタンスと漂遊キャパシタンスのそれぞれの値が分からなければなりません。

　半導体メーカーの米国 Maxim 社のアプリケーション・ノート 3835 に、漂遊インダクタンスと漂遊キャパシタンスの推定とスナバ抵抗の決め方が出ていますので参考にしてください。ウエブ・サイトは次のとおりで

□5. 三次系

す。

http://www.maxim-ic.com/app-notes/index.mvp/id/3835

要旨は次のとおりです。

まず、スナバなしでスパイクを拡大して振動周波数を読みます。

次に FET のドレインとソース間にキャパシタを挿入し、この値をいろいろと変えてみて振動周波数がもとの2分の1になるようにします。

LCの共振周波数fは、$f = \dfrac{1}{2\pi\sqrt{LC}}$ 、で決まりますから、周波数が2分の1になったということはキャパシタの値が4倍になったということです。もともとは漂遊容量 Cs だけの1ですから、4-1=3、が追加したキャパシタの容量ということです。したがって追加したキャパシタの値を3で割れば漂遊容量 Cs が求められます。

漂遊容量が求まったら、$f = \dfrac{1}{2\pi\sqrt{LsCs}}$ 、から導かれる、

$Ls = \dfrac{1}{(2\pi f)^2 \bullet Cs}$ 、で漂遊インダクタンスLsを求めます。

スナバ抵抗 R は、共振回路の特性インピーダンス、$R = \sqrt{\dfrac{Ls}{Cs}}$ 、に合わせます。

スナバの直列キャパシタは、漂遊容量 Cs の3から4倍にします。

Application Note 3835 CCFL Push-Pull Snubber Circuit MAXIM

ここで、スナバ抵抗 R を共振回路の特性インピーダンス、$R = \sqrt{\dfrac{Ls}{Cs}}$ 、に合わせる、という点を考えてみます。

共振回路のQは、$Q = \dfrac{\omega L}{R}$ 、で表されます。ここで $R = \sqrt{\dfrac{L}{C}}$ ですから、

$Q = \dfrac{2\pi fL}{R} = \dfrac{2\pi fL}{\sqrt{\dfrac{L}{C}}} = 2\pi f\sqrt{LC} = 2\pi f \bullet \dfrac{1}{2\pi f} = 1$ 、となります。

- 224 -

厳密にこの値に合わせる必要はなく、この前後で問題はありません。なお直列接続するキャパシタはたんなる交流パスと考えて、漂遊容量より低いリアクタンスがあればよいという考えです。

b ノーマル・モード・バイパス
　ノーマル・モード・ノイズとは本来の電力の電流の流れと同じ経路で流れるノイズを言います。つまり一次電源の Hot から RTN に流れるものです。

　この経路に載ったスパイク・ノイズを除去するにはセラミック・キャパシタが必要です。セラミック・キャパシタは高周波特性が良いからです。一次側では、キャパシタ・バンクや EMI フィルタ等に使われている電解キャパシタ、二次側では整流回路の電解キャパシタ等のそれぞれにセラミック・キャパシタを並列に挿入します。

　整流回路のキャパシタは通常大容量なので、タンタル・キャパシタやアルミニウム・キャパシタのような電解キャパシタが使われますが、電解キャパシタの周波数特性は悪く極端な言い方をすれば 1MHz くらいになるとキャパシタとして働かないと考えて差し支えありません。したがって、ここで問題にしている高い周波数成分に対してもキャパシタのバイパス効果が得られるように、つまり高周波成分を還流させるように、小容量、たとえば 0.1uF 程度、でよいのでセラミック・キャパシタを並列に挿入しておきます。

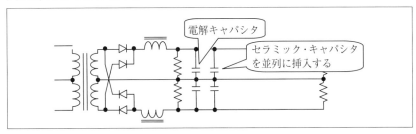

〔図 5-15〕ノーマル・モード・バイパス

□5. 三次系

c コモン・モード・バイパス

ノーマル・モード・ノイズに対してコモン・モード・ノイズとよばれるものがあります。同じスパイク成分ですが、これはHotとColdの双方に同じ極性で現れるものを指します。電流のリターンはシャーシです。

スパイクの発生、の項で述べた、FETのドレイン点での電圧変化に伴い、シャーシとの漂遊容量を介した経路で流れる電流は、主としてコモン・モード・ノイズの形態をとります。

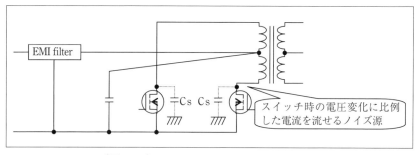

〔図5-16〕コモン・モード・ノイズの生成

発生源はスイッチング素子ですが、厳密には対シャーシ容量があり電圧が変動する箇所なら、どこでも発生源足りえます。もっとも大きな発生源がスイッチング素子だということです。このノイズ電流はスイッチング素子の回路側から、一次電源側と二次電源側に流れ出、二次側には主としてトランスの線間容量を介した結合により流れ出、それぞれの回路を貫通し、シャーシを介してスイッチング素子のシャーシ接続点に戻ります。

ノイズ電流が負荷側に流れ出し負荷を通って戻るパスがあると、コモン・モード変じてノーマル・モード・ノイズとなって直接回路動作を乱すもととなります。このノイズが厄介なのは、負荷を通ってシャーシへ流れ出るために、もっともインピーダンスの低い箇所を探してうろうろすることで、ちょっと基板を動かしただけで回路動作が変わったり、訳

の分からない動作を示す原因になることがあるからです。

　同じことは電源内部にも言え、コモン・モード変じてノーマル・モード・ノイズにもなりますから、コモン・モード対策を講ずるとたいていの場合ノーマル・モード・ノイズのレベルも下がります。このノイズは電源内に封じ込め、電源内でエネルギーを消費してしまわなければなりません。

　封じ込め対策は、一次側と二次側にコモン・モードのためのバイパス・キャパシタを挿入してシャーシへの電流パスを作ってやること、バイパス点とスイッチング素子の取付け点との間のインピーダンスを下げる、ことです。

- 二次電源整流出力の RTN とシャーシ間にキャパシタを挿入する。
- 不足であれば、二次電源整流出力の Hot とシャーシ間にキャパシタを挿入する。
- 一次電源側の Hot および RTN のそれぞれとシャーシ間にキャパシタを挿入する。
- バイパス点とスイッチング素子の取付け点との距離は極力短くとる。
- 場合によっては、バイパス配線を別に作って接続する。

　コモン・モード・ノイズの為の低インピーダンスの経路を確保してやるということです。

□5. 三次系

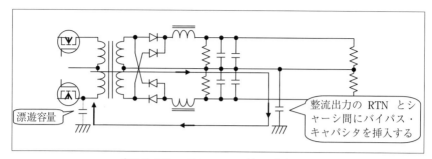

〔図 5-17〕コモン・モード・バイパス

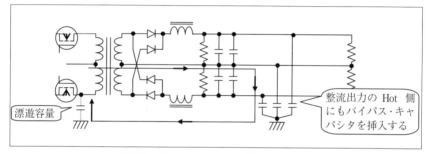

〔図 5-18〕コモン・モード・バイパス

　Hot 側に挿入するときは整流出力点に挿入します。ダイオードの出力点だとスイッチング周波数成分に対しても作用してしまうため効率が下がってしまいます。また整流出力の下流にシリーズ・レギュレータを挿入しているときは、整流回路出力点にバイパス・キャパシタを挿入します。これを忘れてシリーズ・レギュレータ出力点にバイパスを挿入するとノイズ電流を強制的にレギュレータに流す格好になり、レギュレータの性能を引き下げたり、変な振動が出たりします。

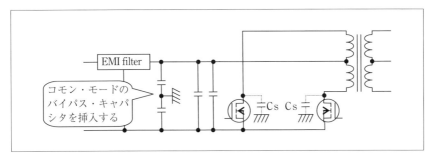

〔図5-19〕コモン・モード・バイパス

　通常一次側のコモン・モード・バイパスはEMIフィルタの一次電源側に挿入します。というのはトランスの中点ではスイッチング電流が流れているのでキャパシタでバイパスすると、この交流分を流してしまうことになり効率の悪化やキャパシタの熱損失を招くからです。

　ただ、スイッチング周波数に対しては十分大きなリアクタンスを持ち、スパイク周波数に対しては小さなリアクタンスであれば、若干の損失を覚悟で挿入すればよく、スイッチング点に近いので良い効果が期待できます。

　例えば100pFのキャパシタを使うとします。スイッチング周波数100kHzに対するリアクタンスは、

$$Xc = \frac{1}{2 \times \pi \times 100kHz \times 100pF} = 16k\Omega$$

、です。
交流電圧を30Vとすれば電流損失は、$\frac{30V}{16k\Omega} = 2mA$ 、となります。

　一方スパイク周波数を10MHzとすればリアクタンスは、100分の1の160Ωとなりバイパス効果が得られます。100kHzでの損失を20mA程度許容すれば、もう一桁下げることができます。この辺りは一次電源総入力電流との兼ね合いで決定します。

□5. 三次系

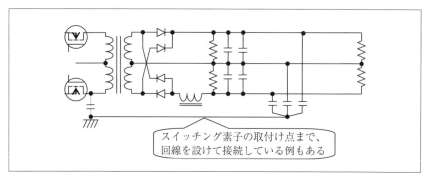

〔図5-20〕低インピーダンスのコモン・モード・パスの確保

　コモン・モード・ノイズが他へ流れないようにリターン・パスを設けてスイッチング素子の取付け点で接地する手法をとっている例もあります。ただし、ただつなげばよいというものではなく、この回線のインピーダンスが他の経路より低くないと意味はありません。

d ファラデー・シールド
　トランスの一次巻線と二次巻線の間に銅やアルミニウムを使って静電シールドを施すことをファラデー・シールドと呼びます。目的は一次巻線と二次巻線間の容量結合を断ち切り、誘導結合だけにすることです。コモン・モード・ノイズの伝搬を防ぐには有効だと考えられるので、採用を前提としてはいかがでしょうか。
　模式的に書くと次のようになります。

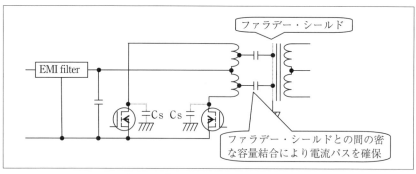

〔図5-21〕ファラデー・シールド

ファラデー・シールドとトランスの一次巻線間には密な容量性結合が出来ます。コモン・モード・ノイズはこの容量を介してファラデー・シールドに流れ込み、ファラデー・シールドの接地点からスイッチング素子へと戻ります。ファラデー・シールドを確実に接地するのが大前提です。

　この観点で見るとトランスのコアを接地するのも、コアと巻線間には密な容量性結合がありますからコモン・モード・ノイズの経路を確保するには有効と思われます。

5.1.4　スパイクの測定
　特別な測定方法があるわけではなく、オシロスコープを使います。

　スイッチング周波数が100kHz 台であれば、スパイク成分は10MHz 台あるいはそれ以上の周波数成分を持ちますから、計測器には少なくとも100MHz 以上の帯域のあるものを用意します。お断りするまでもないと思いますが、オシロスコープの帯域100MHz というのは、利得が3dB 落ちる周波数が100MHz だということで、100MHz まで誤差無く読めるという意味ではありませんから、100MHz と言わず高いに越したことはありません。

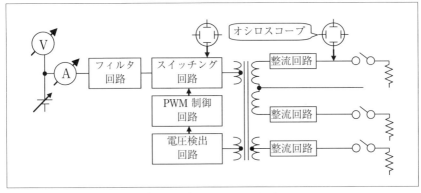

〔図5-22〕スパイクの測定

□5. 三次系

　まずは出力点で測定します。提供する出力が負荷に適合するかどうか
がもっとも気になるところだからです。各々の出力点のすべてを測定し
ます。すべての出力の品位を保証するためです。オシロスコープのリタ
ーンは、出力のリターンとシャーシと接続を切り換えて、双方のレベル
を確かめます。負荷の仕様に合致しそうであれば、一次電源電圧や負荷
を色々と変えて測定します。明らかに大きいときはスパイク対策に移行
します。

5.2　コモン・モード・ノイズ対策

　単体では正常に動作していた機器をシステムに組み込んだ途端に 5V
直流電源の出力が 2V になったとか、他の機器と繋いだ途端に操作もし
ないのに勝手に動き始めたとか、負荷をつけたり外したりすると電源線
に重畳するノイズが変化したりといった経験はありませんか。インタフ
ェースする機器のせいのように見えますが、こういったものは大体がコ
モン・モード・ノイズによる自家中毒です。

　自家中毒のもととなるコモン・モード・ノイズについて考えてみまし
ょう。どのようにしてノイズが出来て、どのようにして正常な動作の邪
魔をするかということです。

　ノイズという言葉は、普通は外から来る邪魔者を意味するので、自分
で作っているものにノイズという言葉を充てるのは正しくないような気
がしますが、殆どの方がノイズという言葉で呼びますから、ここでもノ
イズと呼ぶことにします。

Noise という言葉を LONGMAN の英英辞典で調べてみました。
　　1 Sound especially unwanted or meaningless unmusical sound
　　2 Unwanted signals produced by an electrical circuit
とあります。
前者がもともとの意味でしょうが電気屋である私たちの使い方は後者

です。明快かつ正しくノイズという言葉を説明しています。

　電気回路で作られる不要な信号、がノイズです。

　作られる、というのはどういう意味でしょうか。作られたノイズがきちんと仕事をする能力があるということです。仕事をする、つまりエネルギーです。作られる、とは、エネルギーを与えられる、ということです。ノイズ源は連続してエネルギーの供給を受けることが出来、それを何らかの形態に変換するところに現れます。

　私たちが問題とするのはノイズが悪さをするからです。ノイズはどうやって悪さをするのでしょう。ノイズとはエネルギーをもつ信号源です。電気回路は、信号源あるいは電力源から負荷を通って信号源あるいは電力源に戻る一巡のループがあって初めて電流が流れ、この電流が仕事をします。ノイズの場合はノイズ源に端を発して、またノイズ源に戻るループをノイズ電流が流れて、初めて悪さをします。

　ノイズを考えるときは、第一にノイズ信号源を探しましょう。ついでノイズ信号源の一端から始めて負荷を通り、またノイズ信号源の他端に戻る、ぐるっと廻るループを探しましょう。これがノイズ対策を考えるポイントです。

　どこからか飛び込むノイズはありません。ときどき思い出したように動作がおかしくなると、何らかのノイズが飛び込んで、という説明がよくされます。信号源はどこですか、どういう経路をとって環流するのですか、と質問すると、ノイズですからそういうのはあてはまりません、という回答が返ってきます。その考え方は間違いです。

　LONGMAN の英英辞典の、Unwanted signals produced by an electrical circuit、という説明は、ノイズに対する正しい見方を教えてくれています。電気回路によって作られる、と断っています。ノイズとは電気回路

- 233 -

□5. 三次系

が作るものです。ノイズはれっきとした電気信号です。したがって電気回路の原則どおりに、信号源に端を発し負荷を巡ってまた信号源に戻る閉回路が存在するのです。その閉回路の電流が流れる部分でおかしなことが起きるのです。閉回路はひとつではないかもしれません。いくつもの閉回路が同じ信号源から出ていればあちこちで悪さをすることになります。

ノイズが原因と考えたら、まずノイズ源を特定します。ノイズ源から始めてノイズ源に戻る閉回路を特定します。閉回路を流れる電流が悪さをするメカニズムを考えればよいのです。

5.2.1 コモン・モード・ノイズの発生
(1) スイッチング電源
　機器の中でもっとも大きなエネルギーを扱うのは機器動作に必要な全エネルギーを供給する電源です。したがって大きなノイズを発生しやすいのも電源です。

　次図にPWM型スイッチング電源の回路例を示します。
　一次回路と二次回路のみを示し、制御回路は省略します。

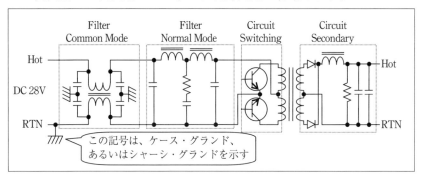

〔図5-23〕スイッチング電源回路

直流電力を受け、これをトランジスタでスイッチして方形波を得ます。

- 234 -

トランスを介して交流化された電力を取り出し、整流して所望の直流電力を得ます。

　直流をスイッチしますから、電流はオン、オフを繰り返します。電力の供給元は理想的には無限小のインピーダンスですが、現実にはそうではありません。オン、オフで電流が変調されれば正常に電力を供給できる保証はありません。そうでなくても電力線の共通抵抗により電圧降下が変動し、同じ電源線につながっている他の機器に影響が及びます。

　これを防ごうというのが図中のノーマル・モード・フィルタです。スイッチング波形の高周波分を抑える役目を持ちます。これは本来の回路のノイズなのでノーマル・モードと呼びますが、本項の対象ではありません。EMI フィルタの項を参照してください。

(2) 漂遊容量の形成
　スイッチング電源でコモン・モード・ノイズを発生するのは供給される直流電力をオン・オフして方形波にするスイッチング素子です。
　どうやってイノズ源が作られるかを考えましょう。

　トランジスタを考えてみます。トランジスタの実装を見てみます。トランジスタは放熱のためにシャーシ、そのまま訳せば台座ですが金属製の放熱面（通常はケース）に密着して取り付けます。パワー・トランジスタの代表的なパッケージングである TO-3 を例にとりましょう。

　次に TO-3 パッケージのトランジスタの外観を示します。

□5. 三次系

〔図 5-24〕TO-3 パッケージ

　底面が放熱面になっているので、シャーシに、エミッタとベースのふたつのリードが通る穴を開けて、底面が密着するように取り付けます。
　ケースはコレクタ直結なので絶縁しなければなりません。底面に絶縁板を入れ、取り付けビス用に絶縁カラーを入れて取り付けます。

　薄い絶縁板を介してトランジスタのケースとシャーシが向かい合わせになりますから、この間にキャパシタ、漂遊容量、が出来上がります。ケースがコレクタであるということを思い出してください。コレクタとシャーシ間を漂遊容量でつないだ回路が出来上がります。

　次図にこの様子を示します。
　追記部分が漂遊容量による結合回路です。

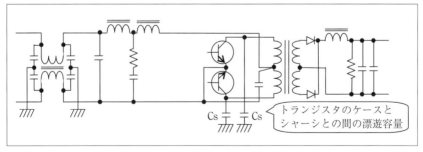

〔図 5-25〕漂遊容量による結合回路

- 236 -

(3) ノイズ電流源の生成
　この回路で何が起きるかを考えてみましょう。

　一次電源のリターンは電位を安定化させるために必ずグランドに接続されています。つまりリターンとグランドすなわちシャーシあるいはケースは同電位に保たれています。したがってトランジスタのケースとシャーシ間には電源電圧そのものがかかっています。スイッチしますからトランジスタのケースの電位は Hi と Lo、つまり一次電源電圧と 0V の間を交互に行き来します。

　電圧の変化があればキャパシタには電流が流れます。
　キャパシタにかかる電圧と電流の間には次の関係があります。

$$i = C \cdot \frac{dV}{dt}$$

電圧の変化が大きければ大きいほど大きな電流が流れます。
　これによって、シャーシと電源線との間に電流を流すノイズ源が作られます。

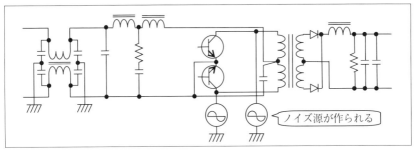

〔図 5-26〕ノイズ電流源の生成

　この信号源はシャーシに対して、Hot 線も RTN 線も同相で駆動しますから、コモン・モード・ノイズと分類して呼ばれます。

□5. 三次系

(4) ノイズ源のエネルギー

　どれくらいの電流が流れるのかを試算してみましょう。

　まずトランジスタのケースとシャーシ間の漂遊容量を推算しましょう。

　キャパシタ容量は次の算式で求められます。

$$C = \varepsilon_s \bullet \varepsilon_0 \bullet \frac{S}{d}$$

　Sは極板の面積、dは極板間の距離です。ε_0は真空の誘電率を示します。
　　　$\varepsilon_0 = 8.854187.. ... \times 10^{-12} \, F/m$
ですが、面倒なので10pF/mと覚えましょう。ε_sは比誘電率、物質毎の誘電率の真空の誘電率に対する係数です。

　まずキャパシタの極板面積を求めましょう。
　次図にTO-3パッケージの外形寸法を示します。

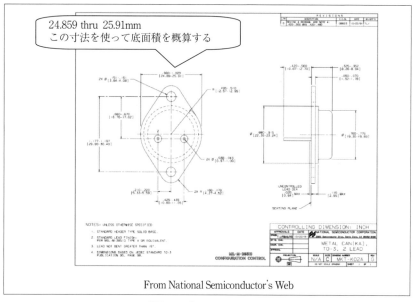

〔図5-27〕2N5672 外形

- 238 -

きちんと面積を計算するのは面倒なのでケースの最大幅
24.89-25.91mm から、直径 25mm の円形だとしてしまいましょう。この
面積は次のとおりです。

$$S = \pi \bullet \left(\frac{25 \times 10^{-3}}{2}\right) = 4.91 \times 10^{-4} m^2$$

絶縁材はマイカで厚みは 0.1mm としましょう。マイカの比誘電率は
理科年表によると 7 です。

以上から漂遊容量 Cs の値は次となります。

$$C_S = \varepsilon_s \bullet \varepsilon_0 \bullet \frac{S}{d} = 7 \times 10\,pF/m \times \frac{4.91 \times 10^{-4} m^2}{0.1 \times 10^{-3} m} = 343.7 \cong 350\,pF$$

本当かなと思うほど大きな値です。マイカの厚みが 0.2mm だとして
も約 170pF もあります。れっきとしたマイカ・キャパシタです。

電流を求めてみましょう。

電圧の変化はトランジスタのスイッチング特性に依存します。

2N5672 を例にとりましょう。

ELECTRICAL CHARACTERISTICS (T_C = 25⁰C unless otherwise noted)				
Characteristics	Symbol	Min.	Max.	Unit
SWITCHING CHARACTERISTICS				0.5us
Turn-On Time V_{CC} = 30 ± 2.0 Vdc; I_C = 15 Adc; I_{B1} = 1.2 Adc	^{t}on		0.5	µs
Turn-Off Time V_{CC} = 30 ± 2.0 Vdc; I_C = 15 Adc; I_{B1} = I_{B2} = 1.2 Adc	^{t}off		1.5	µs
2N5671,2N5672 Microsemi NPN High Power Silicon Transistor				

〔図 4-1 再掲〕2N5672 のスイッチング特性

電圧 30V、コレクタ電流 15A でターン・オン時間は最大 0.5us とあり
ます。この値を使いましょう。漂遊容量は 350pF、電源電圧は 28V とし
ます、ターン・オン時間は 0.5us です。

$$i = Cs \bullet \frac{\Delta V}{\Delta t} \cong 350\,pF \times \frac{28V}{0.5u\sec} = 0.02A = 20\,mA$$

- 239 -

□5. 三次系

　20mA という値は、28V の電源をトランジスタ 2N5672 でスイッチングした場合に、トランジスタのケースからシャーシに漂遊容量を介して流し得る電流値です。負荷がこの電流を流せるなら 20mA までは流せるということです。20mA の容量をもつ信号源があるということです。意外と大きいと思いませんか。計算に使ったターン・オン時間は仕様上の最大値で、実際にはこれより小さいのですから、漂遊容量を介して流れ得る電流値は 20mA より大きいということです。

　最近はスイッチング素子にトランジスタでなく MOS FET が使われます。MOS FET のスイッチング特性はトランジスタより良いのでもっと大きな電流になります。オン、オフ時間が 200nsecs であれば実に 200mA 流し得るということです。

(5) ノイズ信号波形
　ノイズ信号波形について考えておきましょう。
　PWM 電源ですからスイッング波形は方形波です。漂遊容量に電流が流れるのは、漂遊容量にかかる電圧が変化するときですから、スイッチングの立ち上がりと立下りの点です。したがって波形はスパイク状で、周波数領域に展開すると高周波域に広がりを持つ信号です。

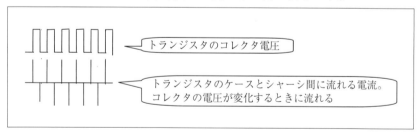

〔図 5-28〕コモン・モード・ノイズ信号波形

　実際に測定する波形は、負荷の状況により変化し必ずしも図のような綺麗なスパイクになるとは限りません。

- 240 -

5.2.2 コモン・モード・ノイズの伝播

このノイズ源から電流がどのように流れるかを考えましょう。

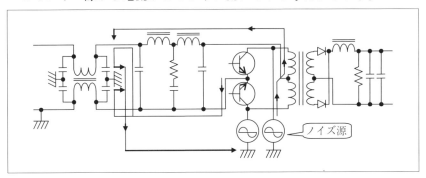

〔図5-29〕コモン・モード・ノイズの伝播

　信号源はトランジスタのコレクタとシャーシ間にあります。コレクタから流れ出た信号はトランスの巻線を通って一次側に出ます。ノーマル・モード・フィルタのチョーク・コイルでは阻止されるとしても、キャパシタを介してリターン側に顔を出します。コモン・モード・チョーク・コイルで遮られ、その手前のキャパシタを介してシャーシに流れ出ます。そしてトランジスタのケースに相対しているシャーシ点に向かって流れます。このような閉回路を作って電流が流れます。

　コモン・モード電流のパスは一次側だけではありません。二次側にも存在します。

□5. 三次系

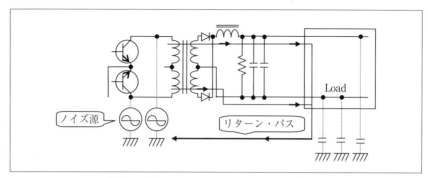

〔図5-30〕コモン・モード・ノイズの伝播

　トランジスタのコレクタから、トランスの線間容量を介して二次側に顔を出します。二次側には負荷回路がありますから、コモン・モード・ノイズ電流は負荷回路に入り込みます。そして負荷回路のどこかは分かりませんが、負荷とシャーシ間のインピーダンスの少しでも低いところを狙ってシャーシに流れ出、そしてノイズ源であるスイッチング素子の取付け点に戻ります。

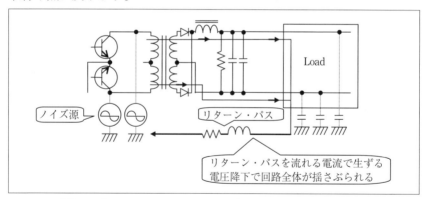

〔図5-31〕コモン・モード・ノイズによる回路電位の不安定

　上図のリターン・パスを見てください。ここをコモン・モード・ノイズ電流が流れます。するとリターン・パスの持つインピーダンスによって電圧降下が生じます。この結果負荷回路はこの電圧によってシャーシ

- 242 -

に対して揺さぶられることになります。

　回路全体が揺さぶられるのですが、この時、回路のすべての部分がまったく同じ電位差で同時に動くなら、個々の回路間のバイアス関係、つまり電圧差は狂わないので問題は起きません。しかし現実には回路の要素ごとに時定数は異なります。また回路の要素ごとにシャーシとの間に持つ漂遊容量の値も異なるので、この容量と作る時定数もばらばらになります。すると電位の変化が起きた時、回路の要素ごとに電位の変化に差が出てきます。この結果相対的な電圧差に変動が生じ、回路の動作点が変わります。ひどい時はまったく予期せぬ動作を始めるということになります。

　負荷回路側でリターンをシャーシにつなぐとしましょう。そうするとリターンとシャーシ間のインダクタンス分や抵抗分を無視できますから、これらを電流が流れることによる電圧降下は殆ど生じなくなります。しかし問題は残ります。

　コモン・モード・ノイズ電流は負荷回路に飛び込みますが、そのままリターンに流れてくれるわけではありません。進入した箇所からもっともインピーダンスの低い箇所を狙って流れます。一箇所低いところがあればそれで済むわけではありません。流れ込む電流のエネルギーすべてをその部分で吸収できればともかくとして、そこに流れきらなければ他のルートも捜して流れて行きます。電流が流れれば当然そこで電圧降下を生ずるわけで、回路の動作点は狂ってきます。

　ですから、負荷回路側でしっかりとシャーシにつないだからよいというわけにはゆかないのです。きちんと発生元で対策を採らなくてはなりません。

5.2.3 コモン・モード・ノイズ対策

残念ですがコモン・モード・ノイズ源はなくなりません。ノイズ源があり、ノイズ・エネルギーを供給するなら、そのエネルギーを伝播しないように、小さなループに閉じ込めて熱に変えてエネルギーを消費してしまうしかありません。

伝播の項で見たように電源の一次側は通常コモン・モード対策用のフィルタがあるのでこれがループを作ってエネルギーを消費してくれます。二次側には対策が必要です。そのためにはバイパス・キャパシタを挿入します。

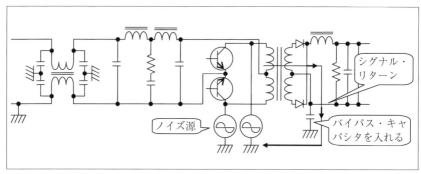

〔図5-32〕コモン・モード・ノイズ対策

二次側にもコモン・モードで現れます。二次巻線のいずれの端子からもノイズが顔を出します。

そこで、シグナル・リターンをシャーシ・グランドにバイパスしてやります。問題はこのバイパス回路と負荷回路とのインピーダンスの差です。負荷回路のインピーダンスに対してバイパス回路のインピーダンスが十分に低くないと吸収しきれないノイズのエネルギーが負荷回路に流れ出してしまいます。

もしリターン側だけでは十分にインピーダンスを低くとれない、つまりノイズを低減しきれないときは、Hot 側にも挿入し、少しでも電流の

パスを増やします。

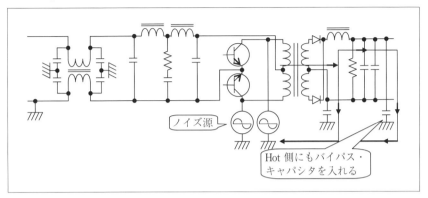

〔図 5-33〕コモン・モード・ノイズ対策

　このバイパス回路のインピーダンスは極力低いことが大切です。また他の回路の電流経路を横切らないようにする必要があります。したがってパスを短く、またノイズ源であるトランジスタの取り付け点に極力近くなるよう配置しなければなりません。回路図も次のように書くのが正しい設計の意思表示なのです。

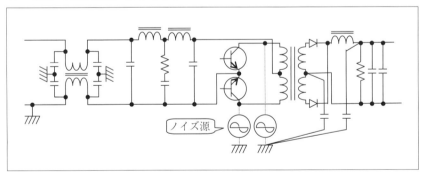

〔図 5-34〕コモン・モード・ノイズ対策

　回路図をあえてこのように描かなくても構いませんが実装はこうなるようにしなければなりません。

□5. 三次系

　電源の一次と二次を別のシャーシに分けることがありますが、その場合はモジュールのシャーシ間の接触抵抗を下げなければなりません。電磁適合性試験装置で二次出力のコモン・モード電流を観測しながら、バイパス・キャパシタの挿入点をずらしたり、シャーシ間の圧力を変えて接触抵抗を変化させてやると、漏れ出るコモン・モード・ノイズ電流が変化するのが実感できます。

5.2.4 コモン・モード・ノイズ源
　電源のスイッチング素子が作るノイズ源について話を進めてきました。

　すでにお気づきのことと思いますが回路とシャーシ間の漂遊容量はどこにでも存在します。また電圧の変化は回路動作に伴いどこにでも存在します。ということは回路があるところ、すべてがコモン・モード・ノイズ源なのです。トランジスタのコレクタ・ケースが作る漂遊容量で話を進めてきましたが、コレクタ配線とシャーシ間の漂遊容量でも、トランスの巻き線とコア間でも同じことが起きるということは理解いただけると思います。

　他の回路に影響を与えるか否かはエネルギーの大小です。電源では、もっとも大きな電力をオン、オフしている、つまりエネルギーの大きいのがスイッチング・トランジスタあるいはFETであるということです。

　昨今デジタル素子は大規模で高速になりました。電力は大きくスイッチング速度は高くなっています。素子は放熱のためにシャーシに密着して取り付けます。シャーシに近いということは漂遊容量が大きくなり、スイッチング速度が高いということは漂遊容量のリアクタンスが小さくなり、大きなエネルギーの電流を流し得るノイズ源が作られるということです。このような高速ICの近傍ではリターンとシャーシあるいはHotとシャーシ間にバイパス・キャパシタを挿入してコモン・モード・

－ 246 －

ノイズの伝播を防ぐ必要があります。

5.3 電磁干渉対策

　機器は自身から電磁気信号を外にまき散らして他の機器に妨害を与えてはなりません。同時に他の機器から少々の妨害を受けても機能を失ったり性能が劣化してはなりません。この条件を満たしていることを電磁適合性があると言います。英語では Electro Magnetic Compatibility と言います。

　電磁気信号による干渉を経路によって二分します。機器に接続するケーブルを介するもの、Conductive、と空間を介するもの、Radiative、つまり電磁波によるもののふたつです。さらに出すのと受けるのとで二分します。自身が電磁気信号を放射する、Emission、と電磁気信号の干渉を受ける、Susceptibility、のふたつです。

　各々の頭文字をとって組み合わせると次の四つです。
　　CE　　ケーブルを介した電磁気信号の放射
　　RE　　空間を介した電磁気信号の放射
　　CS　　ケーブルを介して受ける電磁気信号による妨害
　　RS　　空間を介して受ける電磁気信号による妨害

　電磁適合性の規定は米軍の MIL-STD-461 が有名ですが、私たちが使うパソコンや家電に対しても規定があり合格しなければ販売できないことになっています。
　電磁適合性ではいろいろな略号が出てきます。主だったところを解説しておきます。

□5. 三次系

〔表 5-1〕電磁適合性略号

EMC	Electro Magnetic Compatibility 電磁適合性のこと。機器が電磁的な環境に適合することを指します。規定レベル以上の電磁妨害をまき散らさないこと、規定レベルの電磁妨害が機器に加えられても誤動作しないこと、のふたつの要素から成りたちます。
EMI	Electro Magnetic Interference 電磁妨害のこと。他の機器に干渉する、干渉を受ける、という意味合いです。
CE	Conductive Emission 電線を伝わって機器の外へ放射される妨害。妨害のレベルは電流で規定します。試験にはカレント・プローブを使い EMI メータで測定します。周波数帯域は仕様により異なりますが、20Hz 程度から 1GHz 程度です
RE	Radiative Emission 空間を伝わって機器の外へ放射される妨害。妨害のレベルは空間の電界で規定します。試験にはアンテナを使い EMI メータで測定します。周波数帯域は仕様により異なりますが、10kHz 程度から 10GHz 程度、最高 40GHz 程度です
CS	Conductive Susceptibility 電線に妨害を加えられても正常に動作すること、つまり妨害を感じないこと。普通は電源線に妨害電力を重畳して加えます。20Hz 程度から 500MHz 程度の正弦波信号やスパイク状の信号を加えます。コンピュータ機器でよく行う電源の半サイクル分を抜くのも、これに属します
RS	Radiative Susceptibility 電界あるいは磁界の中に曝しても正常に動作すること、つまり感じないこと。10kHz から 40GHz 程度までの周波数帯域の電界、火花放電、コイルによるスパイク状の磁界を加えるものなどがあります。
NB, BB	Narrow Band と Broad Band Narrow Band Noise とは明らかに信号として識別出来る信号のこと。ダイヤル式の受信機で信号の同調点をきちんと掴めるものを指します。Broad Band Noise とは信号として区分できない信号のこと。ダイヤル式の受信機で信号の同調点をきちんと掴めないものを指します。広い周波数帯にわたる信号を指し、測定値を 1MHz の方形帯域幅で受信したときのレベルに換算して扱います。 MIL-STD-461A では、NB と BB とは別の規格値が設定されていて、ノイズがどちらに属するかを決めた上で適用する規格を決めて判定することとしています。NB と BB とは EMI 測定器の IF 帯域幅と思っておられる方がおられますが、それは違います。また BB Noise とは、ひとつの信号であり、いわゆるランダム・ノイズとは異なります。

　MIL-STD-461 は 2017 年時点、G 版まで進み、測定方法を厳密に定め、測定値で判定するだけになり、測定そのものは分かりやすくなりました。そのためかどうか分かりませんが、狭帯域性と広帯域性、ノーマル・モードとコモン・モード、などのノイズの種類や伝搬形態を問わなくなりました。ノイズの設計にはこれらの観念が役立つので、ここでは MIL-STD-461A に沿って話を進めます。

- 248 -

5.3.1　CE

　カレント・プローブを用いて、ケーブルに重畳するノイズ電流を測定します。電流で測るのはノイズのエネルギーを捉える為です。

　機器に接続されるケーブルを介して外部に放射する信号です。機器の全電力を扱うのが電源ですから電源が主たる信号源です。MIL 規定でもCE01、CE03 と電源線を独立した対象にした規定があります。

　電源が発生するノーマル・モード・ノイズ信号は、二次側の整流回路を正しく設計し、一次側はきちんとフィルタで交流分を抑えれば殆ど問題はないはずです。当該の項を参照してください。

　CE でよく起きる問題は殆どがコモン・モード・ノイズ信号によるものです。電源の一次電源側に出てくるものと同時に、他の信号線にも重畳するのが普通です。コモン・モード・ノイズ対策の項を参照してください。

　電源を試作したら CE を測定してください。この際二次出力の CE も測定してください。一次電源線の測定は EMC 規格で規定されているので誰でもやりますが二次側を測定する人は殆どいません。電源は負荷に電力を提供するためのものです。品位の良い電力を提供してやらねばなりません。そのために測定して、ノイズ・レベルを抑えておく必要があるのです。往々にして一次側にしか目が向きませんが大切なのは電力提供先なのです。

　この際、ノーマル・モードとコモン・モードを切り分けて測定し、どちらの形態のノイズ信号かを確定します。結果に基づいてノーマル・モードかコモン・モードのどちらか、あるいは双方の対策をとります。

　カレント・プローブの穴の中に測定対象の電線を入れるとトランスの

5. 三次系

原理でノイズ電流が測定できます。電源線にはホットとリターンがあります。このホット側の線のみをカレント・プローブに通して測定すればノーマル・モードとコモン・モードの重畳した電流レベルが測定できます。ホットとリターン双方をカレント・プローブに通して測定すればコモン・モードが測定できます。

コモン・モード電流が大きければ、まずコモン・モード対策を採ります。そして改めてノーマル・モードを測定します。規定をクリアすれば良し、規定を超えればノーマル・モード対策を採ります。

信号線も同様にカレント・プローブを用いて測定します。きちんと設計されていればノーマル・モードで問題が起きることはまずないはずです。

5.3.2 RE

CE が問題なければ RE はまず問題ないと考えてください。

MIL の場合、機器から 1m の距離のところにアンテナを立てて、電界強度を測定します。このセット・アップの条件として、機器に接続するケーブルを最低 2m 長分はアンテナに相対して設置するよう規定されています。

例えば航空機器や宇宙機器は大抵の場合アルミニウムの筐体でできています。アルミニウムの筐体をノイズ信号が突き抜けて盛大に妨害をばらまくことはまずありません。筐体と蓋との間の隙間を気にする人もいますが、0.1mm 程度の隙間から漏れ出ることはまずありません。回路全体が金属筐体で囲まれている場合は、筐体から直接放射されることは殆ど無いと考えて良いと思います。機器に接続したケーブルから放射されている場合が殆どです。

− 250 −

機器に接続したケーブルにノイズ信号が載り、これが相手側機器ある
いは試験装置との間、あるいはケーブルの線間容量を介して還流し、空
間放射につながるのです。

　RE で不合格になったら CE を測定してください。規定された CE 測定
ではせいぜい 50MHz 程度までしか測定しません。カレント・プローブ
には 1GHz 迄測定できるものがありますから、これで高周波域まで測定
してみます。原因となる信号が見つかるはずです。

　大抵の場合、コモン・モード・ノイズ信号が重畳しています。電源が
ばらまくものは電源単体で、電源二次出力のコモン・モード・ノイズ信
号を測定して抑えておけば大丈夫なはずです。

　昨今は FPGA のような高速の大集積素子が登場してきました。これら
はクロッキング時の大きな電流変化に伴ってノイズを発生します。ノー
マル・モードもありますがコモン・モード・ノイズ信号も生じます。要
注意です。

5.3.3　CS
　一次電源線に妨害信号を加えて正常に動作するかを確かめます。
　いろいろな妨害信号が設定されており、正弦波信号を加えるもの、減
衰振動状のパルスを加えるもの、オン・オフ時にリレー接点に発生する
信号を加えるものなどさまざまです。

　電源線に加えられる場合が殆どなので、電源入力点で阻止します。大
切なのは PWM 電源として正しい動作点で動くようにしておくことで
す。正しい動作点で動いていれば少々の妨害には耐えられるものです。

　電源の構成で注意が必要なことがあります。それは PWM IC の電位を
安定に保つことです。電源のリターンは、シャーシあるいは筐体へキャ

5. 三次系

パシタでバイパスします。

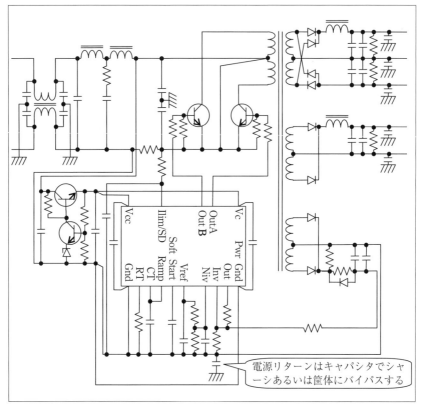

〔図 5-35〕高周波電位対策

　これはリターンの高周波電位を下げるためです。目的は PWM IC の電位安定です。

　次に、リターン回路にはインダクタを配置しないようにします。リターン回路にもインダクタを配置すると確かにノーマル・モードのノイズ電流に対しては効果があります。

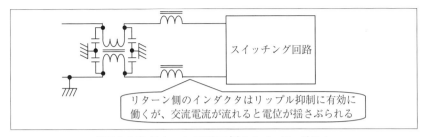

〔図 5-36〕リターン回路に挿入したインダクタ

　問題はインダクタに交流電流が流れるとスイッチング回路リターンの電位が変動することです。

　これは高利得で微小な信号を扱う PWM IC にとっては非常に不都合なことです。PWM IC が正常な動作をしなくなることもあります。リターン側にはノーマル・モード・フィルタ用のインダクタを挿入してはいけません。

　リターンにインダクタを挿入しても正常に動作することもありますが、次のように CS 試験で外部から交流信号を加えると不安定になり実用にならないことがあります。リターンにインダクタは挿入してはならないと考えてください。

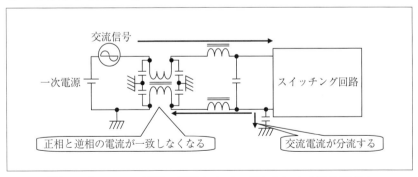

〔図 5-37〕リターン回路に挿入したインダクタによる電位不安定

5. 三次系

交流信号を加えます。これは入力のコモン・モード・インダクタ、続くノーマル・モード・インダクタを通ってスイッチング回路に入ります。帰ってきた電流はリターンに挿入したインダクタのためにスイッチング回路のリターン電位を上昇させます。するとPWM ICの動作安定化用に挿入したバイパス・キャパシタに電流が分流します。この結果コモン・モード・インダクタの正相と逆相の電流が一致しなくなり、本来インダクタンスを無視できるはずのコモン・モード・インダクタが顔を出してきます。この結果スイッチング回路のリターン電位はさらに踊ることになるのです。

5.3.4 RS

機器と接続ケーブルをセットし、正対したアンテナが電界を加えて正常に動作するかを確認します。磁界もあります。

これはRE同様そんなに問題はないはずです。航空機器や宇宙機器ではアルミニウムで筐体を作ることが多いのですが、アルミニウムの筐体を突き抜けて直接内部回路に飛び込むことはまずありません。RE同様、機器の接続ケーブルから飛び込んで悪さするのが殆どです。

回路毎、あるいは素子ごとにしっかりとバイパスしておけば、まず問題はないはずです。

5.4 実装

PWM電源に於いては、実装設計が性能、効率、はたまた外部にまき散らす電気ノイズの大きさ等を左右する大きな要素であることを忘れないでください。機構設計者と電気設計者が協力して最適な実装方法を検討しなければなりません。

若干の偏見を許していただくとすれば、得てして機構設計者は電気を避け理解しようとしない方が多く、必然的に電気的に最適な設計に思考

- 254 -

が回りません。電子機器を設計するのですから電気的な知識を欠くことはできないのに、です。機構設計に携わる方に電気や電子回路を完全にマスタしろとは申し上げませんが、少なくとも電気設計者と議論して、どうしなければならないのかを理解するようお願いします。また電気設計者は積極的に機構設計者に配置の必然性を説明し理解して貰うよう努力してください。なかには、この接触点の電気インピーダンスを低くとってください、こことここの間のコモン・モード・バイパスのパスが短くなるようにしてください、というだけできちんと設計してくださる機構設計者もおられますが、稀なことと思ってください。

　ここでは実装設計時に特に気をつけなければならない所をおさらいします。

5.4.1　スイッチング回路
　方形波の立ち上がり、立下りの過渡期に生ずる、漂遊インダクタンスによる大きな電圧降下と高いスパイク電圧が大きな問題です。おさらいしましょう。

　電流変化 $\dfrac{di}{dt}$ があるとインダクタ L の両端には、$V = L \bullet \dfrac{di}{dt}$　、の電圧が生じます。

　本来は、スイッチ・オンの瞬間に一次電源の電力を目一杯トランス巻線に加えたいのですが、立ち上がり時の大きな電流変化で漂遊インダクタンスによる電圧降下が生じ、このため所望の電圧が加わらず、思っていただけの電力が加わらないという事態になります。方形波状に電流を流したいのですが、その立ち上がりが悪くなるのです。PWM 電源の原理通りの動作にならないのです。

　この現象の救済には、トランスのごく近傍にキャパシタ・バンクを配置し、スイッチ・オンの瞬間の電力をキャパシタ・バンクから供給する

□5. 三次系

ようにします。

　スイッチ・オンの瞬間にはキャパシタ・バンクが電源、つまり電力供給源です。この電源の電力を無駄なく供給しなければなりません。そのためにはキャパシタ・バンク、トランス、スイッチ素子そしてキャパシタに戻るループ内の漂遊インダクタンスを無視できるまでに小さくしなければなりません。そうでないとキャパシタ・バンクをスイッチング回路の傍にわざわざ持ってきた意味がなくなってしまいます。

　次の図に示す、電流ループ内の漂遊インダクタンスを極力小さくしなければなりません。

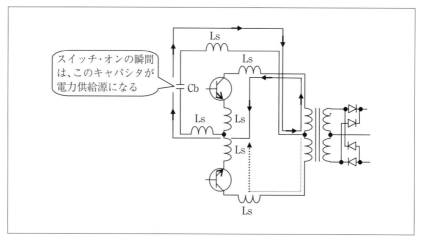

〔図5-38〕漂遊インダクタンスの削減

　キャパシタとトランスの中点、トランスからトランジスタのコレクタ、トランジスタのエミッタからリターン、そしてリターンからキャパシタ、これらの各々の間の漂遊インダクタンスを小さくしなければなりません。つまり、これらの部品はお互いに至近距離に配置しなければなりません。

トランスのリード線はトランスの一部ではなく配線の一部です。これも極力短くしなければなりません。トロイダル・コアを使ったトランスをわざわざケースに入れて、これがトランスだと言わんばかりのものもありますが、余計なリード線長が加わるだけで利点はありません。トロイダル・コアのまま実装しましょう。

　接続図ではうまく表現できませんが、次図のような感じでしょうか。

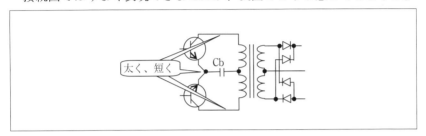

〔図5-39〕漂遊インダクタンスの削減

　線は太くします。今までの論議でお分かりのように、消費電力から求めた平均電流は大した値でないとしても、過渡期の電流変化率が大きいことを常に頭に置いて下さい。線が太ければ配線のインダクタンスは小さくなります。

　キャパシタ・バンクに働きを期待するのはスイッチ・オンの瞬間です。以後の電力は、きちんと一次電源から供給しなければなりません。したがって、EMIフィルタからスイッチング回路までの配線はどうでもよいということではありません。ただ、もっとも重要なのがキャパシタ・バンク回りなのです、念のため。

　今まではスイッチ・オンを論じましたが、スイッチ・オフの時も電流変化によりインダクタには大きな電圧が生じ、これはスパイク・ノイズとなり、場合によっては過渡電圧がスイッチング素子の耐圧を超えてしまいます。これはオン時の漂遊インダクタンスを無視できるようにする

□5. 三次系

対策が同時にオフ時の対策となります。

<コラム>漂遊インダクタンス、Stray Inductance
　夏目漱石の三四郎にストレイ・シープという言葉が出てきますが、そのストレイです。語源そのままだと、彷徨う、です。ここでは配線の持つインダクタンスのことを指しているので厳然として存在しているのでストレイと呼ぶのは正しくないと思うのですが、接続図上に明示的に描かれている以外のインダクタンスやキャパシタンスには漂遊をつけて呼ぶことが多いので、それに倣ってストレイあるいは漂遊をつけて呼ぶことにします。

5.4.2　スイッチング素子駆動

　前項でスイッチングに伴う漂遊インダクタンスの効果について述べましたが、大電流のスイッチに伴う問題はスイッチング素子の駆動にもあります。

　トランジスタのベース駆動はスイッチングに必要な電流をオン・オフするだけですが、FET の場合はゲート・ソース間のキャパシタの充放電電流が大きいので漂遊インダクタンスによる電圧降下が問題になります。つまり方形状にスイッチしたいのですがなまってしまうのです。設計にもよりますが、ゲート・ソース間のキャパシタの充放電を極力早くしようと思えば必然的に PWM IC の駆動可能電流目一杯を使うことになり、電流は最大 2A 近くなりますから、スイッチング回路の電流と似たようなレベルになります。

　配線のインダクタンスの効果を除く為には、駆動用 IC から FET ゲートに至る配線を短くかつ太くします。さらに駆動用 IC の電源端子の直近にキャパシタ・バンクを用意して瞬間的な大電力供給に備えます。

5.4.3 整流回路

一次側のスイッチング回路回りと同様、二次の整流回路までは高周波の電力信号が流れますから一次側と同様の配慮が必要です。

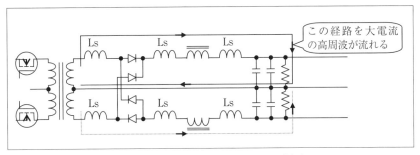

〔図 5-40〕漂遊インダクタンスの削減

トランスからダイオード、ダイオードからインダクタ、インダクタからキャパシタ、そしてキャパシタからトランスへのリターン、これらの間の漂遊インダクタンスが無視できるように、配置と配線を考慮しなければなりません。

前項と合わせて見てみると、トランス前後の回路、つまり、大電力の高周波電流が流れる箇所、は素子を密着して配置しなければならないということです。面倒ですが工夫して下さい。後で触れるコモン・モード・ノイズ対策の為にも役立ちます。

5.4.4 EMI フィルタ

EMI フィルタは電源本体と同じモジュール上に組みつけましょう。EMI フィルタを電源本体と離した設計もありますが、これはうまくありません。無論上手に設計すればきちんと機能するのですが、上手に設計するのは至難の業なのです。理由はコモン・モード・ノイズ対策です。

ノーマル・モード・ノイズは次図のように一次電源の流れるとおりの経路を通ります。

□ 5. 三次系

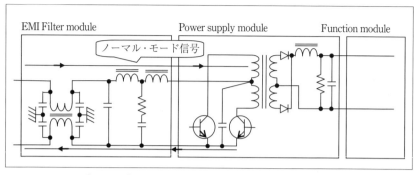

〔図5-41〕ノーマル・モード・ノイズの電流経路

したがって、EMIフィルタと電源とを別々のモジュールに配置しても、ノイズ電流が他に漏れることはありません。無論モジュール間の配線と他の配線との間の漂遊容量を介してノイズ・エネルギーが漏れたり、ノイズが空間を電磁波として伝わって干渉することもあるので必ずしも良いとは言い難いのですが、決定的にまずいということはありません。

さてコモン・モード・ノイズの電流経路を考えてみましょう。

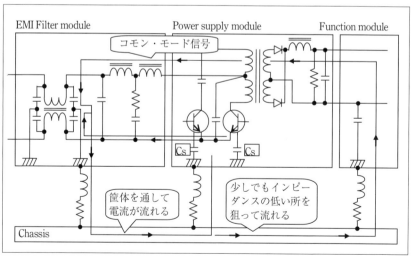

〔図5-42〕コモン・モード・ノイズの電流経路

電源モジュールから EMI フィルタ・モジュールに流れこんだコモン・モード電流は、EMI フィルタ・モジュールの筐体に流れ出、ここからパッケージの筐体に流れ出ます。そして信号発生源の電源モジュールのスイッチング素子に戻ります。

　という具合なら何事もないのですが、EMI フィルタ・モジュールからの戻り道が問題です。ノイズ電流はもっとも流れやすい、つまりインピーダンスの低い経路を通って流れようとしますから、直接電源モジュールに戻るより流れやすい経路があれば、そちらに流れます。あるいはあちこちの経路に分かれて流れます。

　最悪の場合、機能モジュールの機能回路の中を通って戻ると、ノイジィだな、くらいでは済まなくなり、動作不良を起こすこともあります。モジュールを抜き差しすると動作が変わるといった不可解な現象が起きることがありますが、モジュールの抜き差しでコモン・モード・ノイズ電流の経路が変わるからで、不思議でも何でもありません。上の説明で理解していただけることと思います。

　EMI フィルタを電源と同じモジュールに配置しておけば、コモン・モード・ノイズの経路は確実に確保され、かつインピーダンスを他の経路より十分に低く保つ設計も容易です。ノイズ電流ループを小さく保つこと、かつその中でノイズのエネルギーをすべて消費してしまうこと、この大原則に合うように設計するには同一モジュール上が最適なのです。

　スイッチング部プラス EMI フィルタという考えより、スイッチング部と EMI フィルタが一体で、電源と考えておきましょう。

　EMI フィルタ回路は、極力直線状になるように、つまり接続図で描くように部品を配置します。理由は簡単です。フィルタ前後での結合による減衰不良を防ぐためです。

□5. 三次系

　フィルタで帯域外減衰80dBを得るとしましょう。帯域外の周波数でフィルタを逆から見ると80dBの利得があることになります。80dBとは10,000倍のことです。10,000倍もの利得があるアンプで入力と出力線を近づけてカップリングを起こすような実装は絶対にしないでしょう。フィルタも同じことで減衰を設計どおりに得るには余計な入出力間の結合を避けなければならないのです。そのための最上の配置が直線状、通称うなぎの寝床なのです。

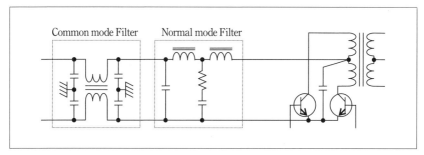

〔図5-43〕フィルタの配置

　コモン・モード・フィルタ、ノーマル・モード・フィルタの順に並べます。キャパシタがひとつずつなら配置に苦労はしないでしょうが、キャパシタの短絡事故に備えてキャパシタの直列冗長を組むとひと仕事です。

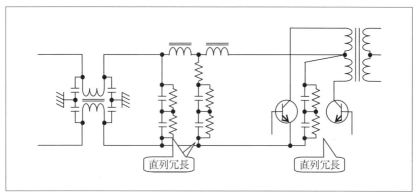

〔図5-44〕キャパシタ短絡事故に備えた直列冗長

- 262 -

キャパシタの数が一気に倍になります。またキャパシタの容量は2倍になるので体積が2倍、つまり直径でおおよそ1.4倍と大きくなります。したがってキャパシタ1ケ分の面積を確保すれば済んだところにその約3倍弱の実装面積を確保しなければなりません。ひと仕事ですが頑張るしかありません。

＜コラム＞部品配置

　部品配置は接続図に準ずるのが原則です。接続図では左から右に、または上から下にと信号の流れに添って描きます。大抵の会社ではそういう描き方をしなさいと指導しているはずです。この流れの通りに部品を配置すれば、信号レベルの低い方から高い方に、入力から出力にと綺麗に信号が流れるのです。ウナギの寝床が良いというのはそういうことなのです。もっとも接続図をいい加減に描く人もいますし、接続図をプリント板設計のデータ・ベースとしか考えない人が増えてきて、一枚の紙の上で細切れの回路を接続子で繋ぐ図面がまかり通る時代となり、接続図通りが最上とは必ずしも言えないという現実もなくはありません。

　プリント板上への実装が普通という時代になってから部品の配置をじっくりと眺めて勉強する機会が少なくなったような気がします。真空管時代の米軍の受信機などを眺めると、アンテナ入力点から最終の音声出力点までの信号の流れに沿った部品配置の工夫の跡が一目で分かり、よい勉強になりました。

　いろいろな製品に出会うことがあると思いますが、部品がどう配置されて、信号がどう流れてゆくか、それらに対してバイパス・キャパシタがどう配置されているか、プリント・パターンがどう切られているか等々をじっくりと見るのは良い勉強になります。

5.4.5　コモン・モード・ノイズ対策

　一次側、二次側へとばらまかれるコモン・モード・ノイズ信号の環流

□5. 三次系

経路を作るために、電源のホット・ラインやコールド・ラインをキャパシタで、筐体あるいはシャーシにバイパスします。

　筐体あるいはシャーシにバイパスされたノイズ信号は、インピーダンスの低い回路でノイズ発生元のスイッチング回路に還流してやらなければなりません。つまり、太く、短く接続しなければなりません。これが意外と面倒です。一次側、二次側の双方からスイッチング回路に戻す、つまりあちこちのバイパスを一点に最短距離で結ばなければならないからです。部品配置を立体的に考えて見る必要もあります。

　次の図で示す、筐体あるいはシャーシへのバイパス・キャパシタの接地点はスイッチング素子の取付け点に最短距離でつながなくてはなりません。

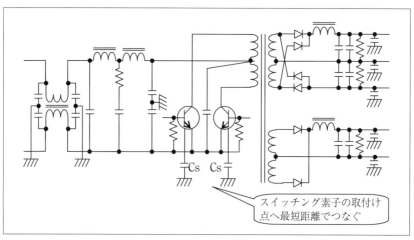

〔図5-45〕ノイズ・パスのインピーダンス削減

　対筐体あるいはシャーシへのバイパスは、コモン・モード・ノイズ信号をスイッチング素子へと環流させる目的で挿入します。ループのインピーダンスを小さくして他にノイズ電流が流れでないようにし、かつ環流ループを小さくして極力狭い範囲に閉じこめた上で、ループ内でノイ

ズのエネルギーを消費してしまう必要があるのです。

　宇宙機器や航空機器ではアルミニウム材をくりぬいたフレームを作り、これにプリント基板を固定する方法が良く使われます。アルミニウムのフレームはプリント・パターンと比較すれば幅も広く厚みもあるので低い電気的インピーダンスを期待できるので、フレームにバイパスするのがひとつの手です。

　このためには、プリント板の外周をグランド・パターンにし、ここにバイパス・キャパシタの一端を接続するようにし、グランド・パターン面をフレームに押しつけて固定すると簡単に接続できます。

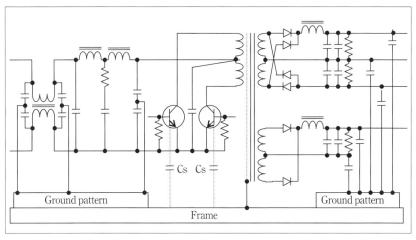

〔図 5-46〕フレームを利用したノイズ・パス確保

　バイパス・キャパシタからグランド・パターンまでの接続が長くなっていますが、これは接続図上のことであって、実装はグランド・パターンにキャパシタのリードの一端を直接接続しなければ意味がありません。部品配置を工夫してください。

　コモン・モード信号のループは同一モジュール内に留めるのが良いの

□5. 三次系

ですが、電源では一次系と二次系を分けたいときがあります。多出力の
電源を作るときは特にそうしたくなります。

　この場合は、ふたつのモジュールの間のコモン・モード経路を確保す
ることが大切になります。アルミニウムのフレーム構造の場合は、フレ
ーム相互の接触インピーダンスを低くする必要があります。このために
はフレーム相互の接触面積を広くとり、相互を締結するボルトの締結力
も大きくし接触抵抗を極力下げるようにします。

　機器の内部構成にはアルミニウムが多く使われます。アルミニウムは
表面処理が必要ですが、接触部は電気伝導を確保するためにアロジン仕
上げ程度に留めます。アルマイトは丈夫な皮膜が特徴ですが導電性がな
いので、少なくとも電気的接触を必要とする部分に使ってはいけません。

５.４.６　プリント板実装
(1) 系統の分離
　全部の素子を一枚のプリント板上に載せるか否かは別として、ブロッ
クごとに分けます。

a. 一次電源入力、EMI フィルタそしてスイッチング回路
b. PWM IC と周辺回路、電圧検出回路そして補助電源回路
c. 二次電源回路。これは系統毎に分ける

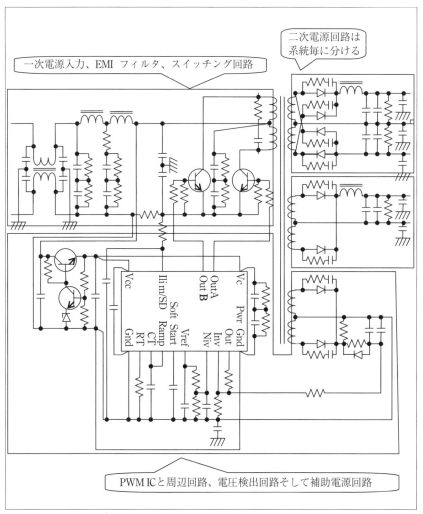

〔図 5-47〕プリント板実装

　理由はお分かりのことと思います。電力を扱うところと、信号を扱うところを分離するためです。二次側は一次側と絶縁するためです。

　PWM IC は内部回路のスイッチング素子駆動部分がベース駆動あるい

5. 三次系

はゲート駆動の為の電力を扱いますが、主たる機能は、二次出力電圧の基準電圧との差をとり電圧増幅すること、発振器出力のノコギリ波と比較してスイッチング信号を生成するという、高利得のアンプを含む信号処理回路です。したがって、この部分は、大電力の回路から分離しなければなりません。

　さて、分離するというのはどういうことでしょうか。物理的に分離すると言っても、ただでさえ空き地の惜しい機器の中ですからそれは無理でしょうが、少なくとも系統立てて部品を並べ、決して違う回路の素子が入り交じらないようにします。上の図に示すブロック単位で固めるようにします。

　大切なのは電源系を分離することです。電源系で共通になる可能性があるのはリターン回路です。一次側と二次側は分離されますが、一次側の電力回路と制御回路のリターンは共通です。この両者のリターンは明確に分離し、上の図のように一点で接続するようにします。これはお互いの電流が共通リターンの中で干渉しないようにするためです。

　リターンには通称ベタ・パターンが使われます。プリント板全面にリターン・パターンを敷き詰める方法です。敷き詰める際は、電力系、信号系と分けて敷き詰めてください。

　PWM IC にはスイッチング素子の駆動回路があります。この電源端子は制御回路の電源端子と独立して設けられていることが多いので、リターンではありませんが、駆動回路も制御回路も同じ補助電源から電力供給を受けますが、電力系と信号系の分離の観点から、パターンは別々とし補助電源の出力点でつなぐようにします。

　ベタ・パターンは最上と信じられているようです。それは信号線のパターンとリターンが相対することでその間に出来るキャパシタンスによ

って高周波的に接地に近い状態が得られ安定になるからです。しかし最上ではありません。リターン・パターンの中を流れる電流経路を我々が推察できるものではないので、電流干渉に対する保証は無いのです。したがって、系統毎にベタ・パターンを設けるのがベストです。

　ベタ・パターンについては、Appendix ベタ・パターン考、を参照してください。

＜コラム＞ベタ・パターン

　他の項でも同じようなことを書いていますが、いわゆる教科書に最上と書いてあるのは、対象をある目で見た場合のことであって、すべての点で最上だとは言っていないことに注意が必要です。

　ベタ・パターンには、相対する信号パターンがリターンあるいは電源のパターンとの間に持つ容量によって結合し、他との結合の影響を受けにくくなること、また普通は電源パターンとリターン・パターンが広い面積で相対するので分布したバイパス・キャパシタ効果が期待できるのです。これが教科書に最上と書かれている所以です。

　問題は電流経路です。電流はベタ・パターンの中の好きなところを流れるので信号電流間の干渉の機会は増えるのです。電子回路設計で大切なのは電流の還流経路の干渉を防ぐことなので、この点から見るとベタ・パターンは扱いにくいものなのです。ただしリターン・パターンを広くとること自体はよいことなので、電源系、信号系などで系統ごとに区切ってベタ・パターンを切り分けて使えばよいのです。

---

(2) PWM IC の実装

　少なくとも PWM IC と補助電源はプリント板上に組み付けるでしょう。回路も簡単ですし、パターンも少ないので両面基板程度で十分です。片面はリターンのベタ・パターンとします。といっても、片面の全面を

□5. 三次系

リターンのベタ・パターンとすると布線に苦しみますから、空いている箇所をリターンのベタ・パターンにするくらいのつもりで大丈夫です。

　PWM IC の実装には注意が必要です。それは高利得のアンプやコンパレータが実装されているからです。
　PWM IC の底面はリターンのベタ・パターンとすること。
　誤差アンプの入力回路配線の裏側はリターンのベタ・パターンとすること。

　次の接続図中、丸で囲んだ部分の裏側には他の信号線を通さないでベタ・パターンとします。

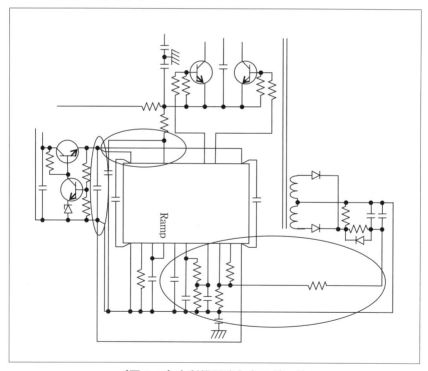

〔図 5-48〕高利得回路入力のガード

PWM IC の中には全回路を内蔵した回路である半導体のダイが実装されています。ダイのどの部分が誤差アンプやコンパレータと指摘することはできませんが、とにかくそういうものが入っていますから、ダイ上の回路の高周波的な電位を安定化するために PWM IC の裏面にベタにリターン・パターンを配置します。

　誤差アンプの入力インピーダンスは高いので、ここにつながる信号線はガードしてやります。信号線に相対してリターン・パターンを配置します。余裕があれば信号線の両側にリターン線を配置してガード・パターンを作ります。

　リターン・パターンを配置する意義を考えてみましょう。信号線あるいは信号を扱っている素子に、何かが近づけば、その間にできる漂遊容量を介して電流パスができあがります。周波数が高い信号ほど通りやすくなります。それだけ相手の信号の干渉を受けやすくなります。

　信号線あるいは素子に相対してリターン・パターンを配置すると、信号線とリターン間に容量が形成されます。両者が直近にあれば比較的大きな容量を持つことになります。それだけ信号線の高周波電位はリターンに近く引っ張られることになり、少々まわりに何かが近づいても影響を受けにくくなります。言い換えれば外部との結合より強い結合をリターン・パターンとの間に持つので、外部との結合による影響を小さくできるのです。

　誤差アンプの入力点はインピーダンスが高いこともあり、リターンの電位変動が大きいと、正負の各々の入力点の容量と回路の抵抗が作る時定数との差で、あらぬ動作をすることが現実にあります。上に述べた PWM IC まわりのプリント・パターンの作り方は忠実に守ってください。

□5. 三次系

<コラム> 設計通り
　「回路が発振するのです、どうしてでしょう」、
　「組立図通りに作ってあるか」、「あります」、
　「部品は指定通りか」、「指定通りのものがついています」、
　「極性は合っているか」、「合っています」、
　「接続図通りに作ってあるか」、「接続図どおりです」、
　「プリント・パターンは接続図どおりか」、「接続図どおりです」、
　「おめでとう、設計どおりに出来ているのだから喜びなさい」。

　　ノイズ経路の検討もせずに設計しておいて、おかしいな、何でノイズ
が重畳するのだろう、何でノイズが出るんだろう、という言葉を良く聞
かされます。何でと疑問をもつ必要はありません。そう設計したからで
す。設計通りの結果が得られているのですから喜んでください。

Appendix
ベタ・パターン考

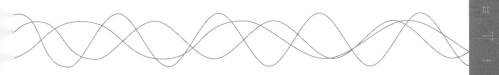

プリント板の設計で、ベタ・パターン、と呼ばれるものがあります。プリント板の全面に亘って銅箔をそのまま残したものです。電源やグランド・パターンに使われます。ベタ・パターンは最上だと言われます。電源線のインピーダンスに関しては確かにそうですが、正しく使わないとよくない結果を招きます。必ずしも最上ではありません。ベタ・パターンについて考えてみます。

(1) ベタ・パターン
　ベタ・パターン、はプリント板の全面に亘って銅箔をそのまま残したものです。

　次の図は4層の例です。信号パターンを両面基板で設計し、その間に電源とリターンを挟んだものです。電源とリターンをベタ・パターンにします。実際に作る時は、1層と2層、および3層と4層の両面基板をそれぞれ作り、間に基板材を入れて接着し、スルー・ホール加工してパターン間を接続します。

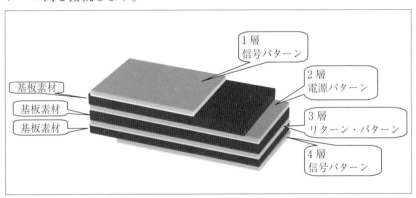

〔図 A-1〕ベタ・パターン

　ベタ・パターンは基板配線のインピーダンスを下げることができます。全面が導体ですから当然電気抵抗値は低くなります。上図のように電源パターンとリターン・パターンが向かい合っていれば、教科書に出てい

□ Appendix ベタ・パターン考

るキャパシタの原理図どおりの大きな面積の平板キャパシタを構成しますから高周波インピーダンスを低くとることができます。このように直流的にも交流的にも有利であることは確かです。またベタ・パターンを挟む二枚の信号パターン間の静電結合防止の効果も期待できます。

　例題回路を用意しましよう。
　IGBT あるいは FET のゲートのオン・オフ駆動回路です。フローティングで使うことを考えて回路単位でトランスを使って直流絶縁した電源を用意します。また入力信号はフォト・カップラを使って絶縁します。回路定数は目安として設定した値です。

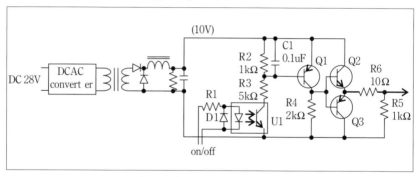

〔図 A-2〕ゲート駆動回路例

　電源とリターンにベタ・パターンを用意すれば、実際の回路は次のようにベタ・パターンと接続されます。

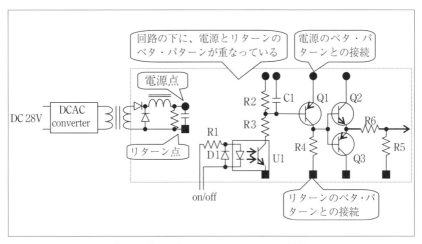

〔図A-3〕回路とベタ・パターンの接続

(2) 漂遊容量による結合

ベタ・パターンの問題のひとつは、漂遊容量による結合です。

(2.1) 漂遊容量

ベタ・パターンと信号パターン間には漂遊容量による結合があります。

ベタ・パターンと信号パターンと向かい合っている部分では、信号パターンとリターン・パターンの間にキャパシタが作られます。

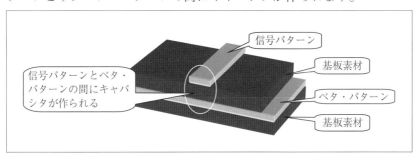

〔図A-4〕パターン間の漂遊容量の存在

平行極板のキャパシタ・モデルを考えてみましょう。

□ Appendix ベタ・パターン考

　ベタ・パターンのうち信号パターンと向かいあっている部分だけを取り出すと次図のようなキャパシタ・モデルが出来ています。

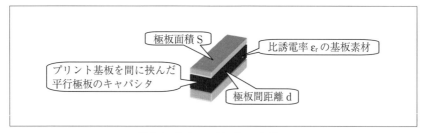

〔図 A-5〕キャパシタ・モデル

　キャパシタの容量 C は次の式で与えられます。

$$C = \varepsilon_r \bullet \varepsilon_0 \bullet \frac{S}{d}$$

　S は極板の面積、d は極板間の距離、ε_r は極板間の物質の比誘電率、ε_0 は真空の誘電率で、$\varepsilon_0 = 8.854187\ldots \times 10^{-12}$ F/m です。

　式から分かるとおり、信号パターンが広いほど、基板が薄いほど、容量は大きくなります。

　どの程度のものか試算してみましょう。
　簡単に漂遊容量を推定する方法を紹介します。

　キャパシタ容量の算出式の分子は極板面積 S ですが、扱うのは信号パターンですから、パターンの幅 D と長さ L を使うことにします。

　これを用いると、パターンの長さ L と、パターンの幅 D と基板の厚み d の比、を掛けた形の次が得られます。

$$C = \varepsilon_r \bullet \varepsilon_0 \bullet \frac{S}{d} = \varepsilon_r \bullet \varepsilon_0 \bullet \frac{DL}{d} = \varepsilon_r \bullet \varepsilon_0 \bullet L \bullet \frac{D}{d}$$

　真空の誘電率 ε_0 は

$$\varepsilon_0 = 8.854187..... \times 10^{-12}\,\text{F/m}$$

ですが、私たち電気屋には厳密な値は要らないのと、使いやすい単位の方がよいので大雑把に、10 pF/m、とします。これは 1pF/0.1m です。

これを使うとキャパシタンスは、パターン長 L と 0.1m の比を使って次で表されます。

$$C = \varepsilon_r \bullet \frac{L(m)}{0.1(m)} \bullet \frac{D}{d}\,(pF)$$

パターン長が 10cm で、パターンの幅と基板の厚みが同じなら、1pF になるというのを覚えておくと何かと便利に使えます。

パターンの幅が 0.8mm、プリント板の厚みが 0.4mm、パターン長が 2cm、ガラス・エポキシ板を使うとします。
パターンの幅が 0.8mm、プリント板の厚みが 0.4mm なので、

$$\frac{D}{d} = \frac{0.8\,mm}{0.4\,mm} = 2$$

プリント長が 2cm なので 10cm との比は、$\dfrac{2cm}{10cm} = 0.2$
ガラス・エポキシ基板の比誘電率は 5、
したがって漂遊容量は、$Cs = 2 \times 0.2 \times 5 = 2pF$
と、簡単に計算できます。

ここでは信号パターンと向かい合う部分だけベタ・パターンを切り出してキャパシタとしましたが、ベタ・パターンには無限の広がりがありますから、信号パターンと向かい合う部分は実質的には広いわけで、漂遊容量はもう少し大きくなります。

この計算例の漂遊容量は小さな値ですが、実際の信号パターンの面積は引き回しやランドの広がりなどを加えると結構大きな値となります。延々と引き回したりした場合は簡単に 50pF くらいになってしまいます。上に示した手法で試算してみてください。

- 279 -

□ Appendix ベタ・パターン考

ちなみにガラス・エポキシ基板の縦横 10cm ずつのベタ・パターンの向かい合わせ同志の容量はいくらでしょうか。基板の厚みは 0.4mm としましょう。

$\dfrac{100mm}{0.4mm} = 250$ 、比誘電率は 5 ですから、1250pF、約 0.001uF です。

(2.2) 信号とリターンの結合

信号回路とリターンの間には、信号回路のパターンとリターンのベタ・パターンとの間の漂遊容量によって次図のようなキャパシタによる結合回路が出来上がります。図中、破線で接続を示した部分が漂遊容量による結合回路です。フォト・カップラ U1 の一次側回路とリターン・パターンの間にも無論漂遊容量は存在し、干渉しますが、ここでは電源系が同一の部分だけを示します。

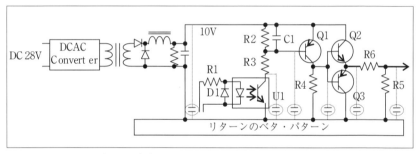

〔図 A-6〕信号とリターン・パターンの結合

回路が動作する時、信号パターンの電位が変動すれば、これらの漂遊容量を充電したり放電したりします。これは回路の動作点の安定性と応答速度に影響します。動作点がぎりぎりの値であると、漂遊容量の充電電流分あるいは放電電流分を盗られて過渡時に動作点が狂うことがあります。解決策は、単純には回路の電流値を大きめにとること、つまり漂遊容量充放電用の電流分を余計に確保することです。

漂遊容量による応答速度への影響は回路抵抗が大きいと問題になります。漂遊容量が 50pF として回路抵抗が 100k であれば時定数は 5us。回

路のスイッチング周波数が 200kHz であれば動作するかが問題になりましょう。したがって回路抵抗は漂遊容量の影響を加味して小さな値を設定する必要があります。この回路例での最大の抵抗値は 5k です。50pF の漂遊容量との時定数は 0.25us と、200kHz 程度では問題にしなくて済みます。

電源線も同様に漂遊容量でリターンと結合されますが、上図で分かるように電源の平滑キャパシタと並列に入りますから、平滑キャパシタあるいは高周波バイパスの一部と考えてよいでしょう。

さて漂遊容量を介してどれだけの電流が流れるのでしょうか。
キャパシタを介して流れる電流 i はキャパシタにかかる電圧の変化率に比例します。

$$i = C \bullet \frac{dV}{dt}$$

C はキャパシタの容量、V はキャパシタにかかる電圧です。

例題回路は 10V でスイッチング動作しています。入力に方形波を加えれば、各部の電圧は振幅 10V の方形波状に動作します。

10V の方形波で、立ち上がり、立下りが 0.25us、漂遊容量の値を 10pF としましょう。
このとき漂遊容量を流れる電流は

$$i = C \bullet \frac{\Delta V}{\Delta t} = 10 \times 10^{-12} \times \frac{10V}{0.25 \times 10^{-6}} = 4 \times 10^{-4} A = 400uA$$

です。

したがって回路の各部は 400uA 分だけの影響を受けることになります。
漂遊容量が 50pF あれば 5 倍の 2mA 分の影響を受けます。

□ Appendix ベタ・パターン考

回路電流を大きく採る方が外部の影響を受けにくいというのは、このことで理解できると思います。

(2.3) 信号と電源の結合

信号回路と電源間には、信号回路のパターンと電源のベタ・パターンとの間の漂遊容量によって次図のようなキャパシタによる結合回路が出来上がります。

次図中、破線で接続を示した部分が漂遊容量による結合回路です。

フォト・カップラ U1 の一次側回路とリターン・パターンの間にも無論漂遊容量は存在し、干渉しますが、ここでは電源系が同一の部分だけを示します。

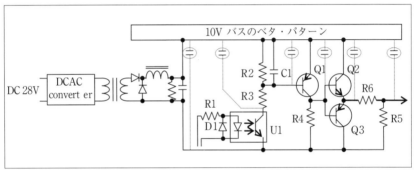

〔図 A-7〕信号と電源パターンの結合

漂遊容量の充電、放電が繰り返されること、その影響、電源線とリターン間は問題にならないこと等、先のリターンの場合とまったく同じです。

Q1 のベース回路に着目してください。ここにも漂遊容量の影響が現れますが、もともとここには 0.1uF という大きな値が入っていますから、50pF や 100pF の小さな容量が並列に入っても回路動作は殆ど影響を受けません。

信号とリターン、信号と電源と、説明の都合上分けましたが、現実の信号パターンは一部がリターンと相対し、一部が電源と相対し、一部はパターンが二面に亘りリターンと電源の双方に相対する等、色々なケースがありますから、リターンにも電源にも漂遊容量で結合された回路が出来上がります。

(2.4) ベタ・パターンの効用

ベタ・パターンと信号パターン間には漂遊容量による結合が生じます。これが回路の動作点や応答特性に影響するのですが、これらに対してきちんと対策をとっておけば、逆に見るとインピーダンスの低い電源あるいはリターンのパターンとある程度の容量で結合していることになり外部の影響を受けにくくなります。

プリント回路の傍に電線が近寄ったり、隣に基板が並ぶとしましょう。それらと信号線の間には漂遊容量による結合が生じますが、それらはせいぜい数 pF です。したがってベタ・パターンとの漂遊容量と比較すれば圧倒的に小さく回路動作は安定に保たれるということです。また信号パターンに電磁波が重畳しても大きな漂遊容量でバイパスした形になるのでやはり安定性が確保できます。

(2.5) 信号と別電源の結合

例題の駆動回路は規模が小さいので基板の隅っこに載る程度です。その他の回路は 28V で動作しています。DCAC コンバータも同じ 28V で動作しています。プリント板は 28V で動作する回路主体で 28V の電源ベタ・パターンを用意しました。この場合を考えましょう。

信号回路と 28V 電源間には、信号回路のパターンと電源のベタ・パターンとの間の漂遊容量によって次図のようなキャパシタによる結合回路が出来上がります。次図中、破線で示した部分が漂遊容量による結合回路です。

□ Appendix ベタ・パターン考

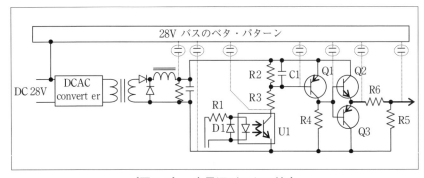

〔図 A-8〕一次電源バスとの結合

　困ることは、駆動回路は 10V で動作しているにも関わらず相手は 28V なので、28V で漂遊容量の充放電が行われることです。

　上図を回路図の形に書き直してみましょう。いったいこれは何だという接続図が出来上がります。

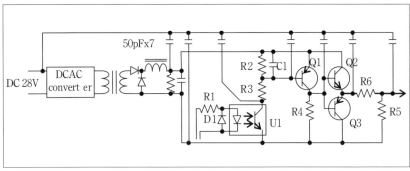

〔図 A-9〕一次電源バスとの結合を接続図化してみる

　28V を 300V に置き換えてみるとたかが漂遊容量とは言え、その恐ろしさが理解しやすいと思います。50pF が大きいとして 5pF としてみても、300V の電源と結合した回路図を見せられたら、たじろぎませんか。

- 284 -

(2.6) 電源系ごとの分離

　回路で使っている電源以外の電源パターンを回路の下に持ってきてはいけないということです。電源が2系統であればベタ・パターンもふたつに分けます。

　回路例ではトランスでふたつの電源系が絶縁されていますから、次図のようにベタ・パターンを切ればよいのです。

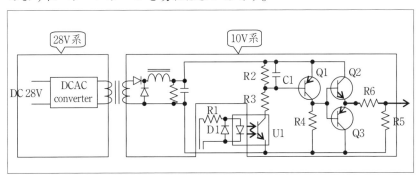

〔図 A-10〕電源系ごとのパターン分離

　次図のように、同一基板内でレギュレータや基準電源を使うときがありますが、厳密には電源系統ごとに分離すべきでしょう。ただ、いちいち切り離すのも面倒なので、信号に与える影響を計算して分離するか否かを決めるのが実際的です。

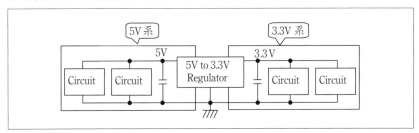

〔図 A-11〕電源系ごとのパターン分離

- 285 -

(2.7) フローティングの場合

電子回路のリターンは電位を安定させる必要がありますから、殆どの場合グランドに接続されます。つまり接地です。ただ応用によってはリターンを浮かせて使わざるを得ない場合があります。

次図に示す三相モータのIGBTスイッチング回路がその例です。
Gate driverと記した部分のそれぞれに本Appendix冒頭に示したゲート駆動回路を充てます。

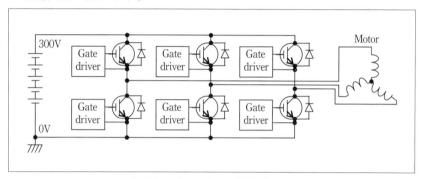

〔図A-12〕三相モータ駆動回路

IGBTを直列接続して中点を三相モータに接続します。IGBTのオン・オフを操作してモータ巻線に流れる電流とその向きを制御します。

下側の三つのIGBTのエミッタの電位は常に接地電位、0V、ですから駆動回路のリターンは常に接地電位、0V、です。

一方上側の三つのIGBTのエミッタ電位はIGBTのオン・オフにしたがって、全部のIGBTがオフなら不定、下側のどれかがオンなら0V、上側のどれかがオンなら300Vと変化します。必然的に上側のIGBTを駆動する駆動回路のリターンはフローティングとせざるを得ません。
次図に上側のIGBT駆動回路の接続を示します。

- 286 -

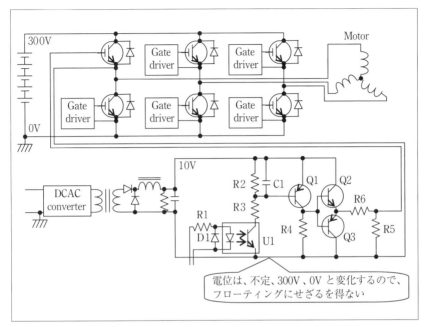

〔図 A-13〕フローティングされる駆動回路

　駆動回路の下にグランド・パターンが敷かれていると、グランド・パターンと駆動回路の個々のパターンとの間に次のような回路が出来上がります。

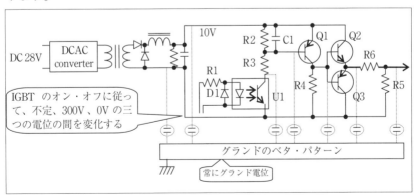

〔図 A-14〕グランド・パターンとの結合による電位変動

□ Appendix ベタ・パターン考

　問題はリターンの電位の変動です。0V から 300V あるいは 300V から 0V へと、しかもスイッチングですから急峻な電圧変化が起きます。この瞬間に漂遊容量を介して大きな電流がグランド・パターンと回路の間に流れます。

　すべての信号点で全く同じように電位が変動してくれれば良いのですが、漂遊容量の値と回路の抵抗値とが作る時定数で電流変化あるいは電圧変化は起きますから、それぞれの点で時定数は異なり、個々の電位の変化はばらばらになります。したがって過渡時には回路のバイアス関係が狂い、ひどい場合はオフ駆動にしたつもりなのに過渡的にオン駆動になるといった誤動作に至り、場合によっては上下の IGBT が同時にオンになり破損する事故に至ります。

　リターン電位の変化時に漂遊容量を介して電流が流れるのを防ぐには、回路の載っている部分のベタ・パターンを周囲から切り離して、リターンにつなぎます。こうすると駆動回路とベタ・パターン間の電位差は常に一定に保たれ、漂遊容量を介した電流は流れなくなります。

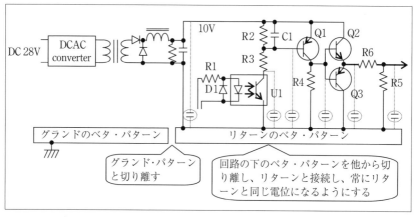

〔図 A-15〕リターンのベタ・パターンによる電位の安定化

　全部で三つある IGBT ペアのそれぞれの中点の電位は、スイッチング

に従ってそれぞれ別個に変化します。それぞれの駆動回路の下のベタ・パターンが同一であれば、リターン電位の変動に合わせて漂遊容量を介して電流が流れてしまいますから、これを阻止するために個々の駆動回路の下のベタ・パターンを切らなければなりません。

　次図のようにします。

□ Appendix ベタ・パターン考

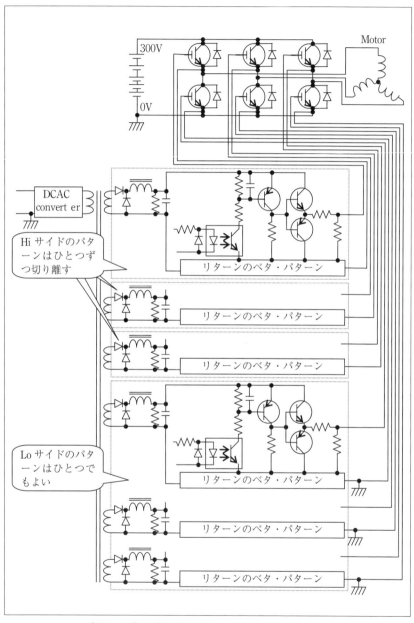

〔図 A-16〕駆動回路実装下面のベタ・パターン

(3) 電流経路
　ベタ・パターンの問題のひとつは電流経路です。

(3.1) 電流経路の干渉
　IGBT の駆動回路の例では六つの駆動回路がありますが、そのうちのリターンがグランド電位で動作する三回路を取り出します。

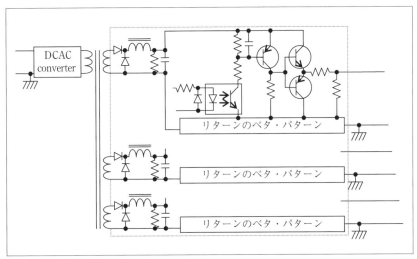

〔図 A-17〕複数の駆動回路とベタ・パターン

　ベタ・パターンは電源とリターンのふたつがありますが、電源は個々で独立しているので電源ベタ・パターンは必然的に三回路ごとに分離しなければなりません。

　リターン電位は三つの回路で同じですから、リターンのベタ・パターンを三回路まとめてひとつとします。このときリターン電流はどういう経路を通って流れるかを考えましょう。
　次図に、リターン電流の推測経路を示します。

□Appendix ベタ・パターン考

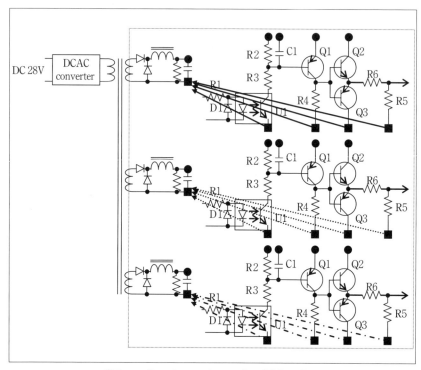

〔図A-18〕ベタ・パターン内の電流の流れ

　個々の回路ごとに電源を独立して用意してありますから、リターン電流は個々の電源のリターンに向かって流れます。電流は最短距離を通って流れるはずなので上のような経路だと推測されます。この場合は、三つの回路のそれぞれのリターン電流は他の回路の下も通らず干渉はありません。ただし現実にはパターン内にもインピーダンスのバラツキはあるので真っ直ぐに電流が流れるという保証はありません。

　さて三つの回路のリターン電位は同じですから電源を三つ独立して持つ必要はなく、1台だけ用意して共通で使うことにします。トランス巻線が減ること、電源部品が減るという利点があります。

次図に、この場合のリターン電流の推測経路を示します。

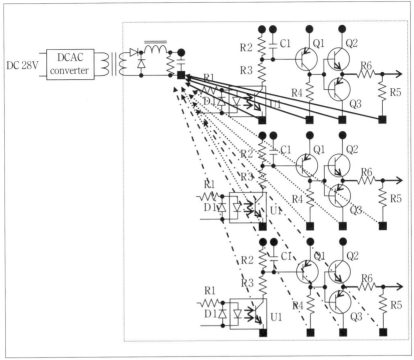

〔図A-19〕ベタ・パターン内の電流の流れ

リターン電流が電源リターンの一点に集中して流れます。

　純粋に幾何学的にみれば、リターン端子が電源のリターン端子から延ばした半径上に並ばない限り、電流経路は完全に独立しているので干渉はしないという理屈になります。

　しかし現実には電流はもっとも流れやすいところを選んで流れるので必ずしも直線状には流れません。雷はもっとも通りやすいところを狙って電流が流れるので稲妻はジグザグになりますが、あれと同じことが導体の中に起こります。また幅もあります。したがって一直線上に端子が並んでいなくても電流が干渉する機会は生じます。

- 293 -

□ Appendix ベタ・パターン考

(3.2) 電流の干渉

　電流の干渉は、回路ループの中に含まれる基板の抵抗とインダクタンスに他回路の電流が流れ込んで生ずる電圧降下によって起こります。回路ループの中に電圧源が挿入された形になるのです。

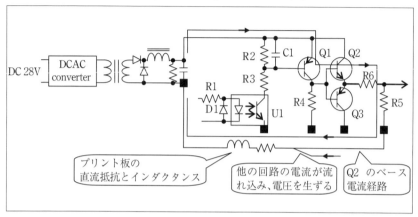

〔図A-20〕他回路からの干渉

　Q1、Q2がオンの場合のQ2のベース電流経路を考えましょう。ベース電流経路を上図の中に示しました。

　問題はリターン・パスのインピーダンス、つまり直流抵抗とインダクタンスです。ここに自分の回路以外の回路からの電流が流れ込むと直流抵抗とインダクタンスによって電圧降下を生じます。この電圧降下はベース電流回路に直列に入るのでベース電流を変調し妨害を与えることになります。

　インダクタンスLで生ずる電圧降下は電流の変化に比例します。

$$V = L \cdot \frac{di}{dt}$$

したがって、電流が大きくなくても変化が激しければ大きな電圧を生じます。

インダクタンスが 1uH、電流が 0 から 1A に 1usec で変化すると

$$V = L \bullet \frac{\Delta i}{\Delta t} = 1 \times 10^{-6} \times \frac{1A}{1 \times 10^{-6}} = 1V$$

1V を生じます。

　ベタ・パターンのインダクタンスはこんなに大きくはないし、ここに示した回路例では 1A も電流が変化はしないし、回路自体の電流レベルも高いので、リターンのインピーダンスの影響はまず問題になりませんが、VF コンバータや AD コンバータのように pA や pV で表されるような微弱な信号を扱う場合は大問題になります。

(3.3) 電流干渉の防止
　電流干渉を防ぐには、回路単位で電源とリターン・パターンを分けることです。
　駆動回路の例では次図のようにします。
　リターン・パターンだけ示しますが相対して電源パターンを用意します。

□ Appendix ベタ・パターン考

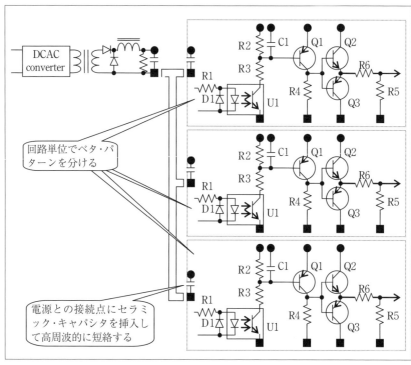

〔図 A-21〕他回路電流の干渉を避けるパターン配置

　こうすれば個々の回路の電流ループは個々のパターンの中に封じ込められるので干渉は防止できます。ベタ・パターンから電源に接続する部分には、高周波特性のよいセラミック・キャパシタを挿入してバイパスすれば完璧です。

□ 著者紹介

■ 著者紹介 ■

里 誠（さと まこと）

　東京大学大学院工学部電子工学専門課程修了。1967 年から三菱プレジション株式会社でロケット誘導装置、衛星機器等の開発設計、1999 年から宇宙開発事業団で衛星姿勢制御機器の研究、宇宙用アビオニクス機器の評価、2007 年から東京大学および宇宙航空研究開発機構で宇宙機器開発の技術指導。日本航空宇宙学会会員。

●ISBN 978-4-904774-61-8　　　　　　静岡大学　浅井 秀樹　監修

設計技術シリーズ

新／回路レベルのEMC設計
― ノ イ ズ 対 策 を 実 践 ―

本体 4,600 円＋税

第1章　伝送系、システム系、CADから見た
　　　　回路レベルEMC設計
　1．概説／2．伝送系から見た回路レベルEMC設計／
　3．システム系から見た回路レベルEMC設計／4．CAD
　からみた回路レベルのEMC設計
第2章　分布定数回路の基礎
　1．進行波／2．反射係数／3．1対1伝送における反射
　／4．クロストーク／5．おわりに
第3章　回路基板設計での信号波形解析と
　　　　製造後の測定検証
　1．はじめに／2．信号伝送速度と基本周波数／3．波形解析
　におけるパッケージモデル／4．波形測定／5．解析波形
　と測定波形の一致の条件／6．まとめ
第4章　幾何学的に非対称な等長配線差動伝送路
　　　　の不平衡と電磁放射解析
　1．はじめに／2．検討モデル／3．伝送特性とモード変
　換の周波数特性の評価／4．放射特性の評価と等価回路モデル
　による支配的要因の識別／5．おわりに
第5章　チップ・パッケージ・ボードの
　　　　統合設計による電源変動抑制
　1．はじめに／2．統合電源インピーダンスと臨界制動条
　件／3．評価チップの概要／4．パッケージ、ボードの構
　成／5．チップ・パッケージ・ボードの統合条件／6．電
　源ノイズの測定と解析結果／7．電源インピーダンスの測
　定と解析結果／8．まとめ
第6章　EMIシミュレーションと
　　　　ノイズ波源としてのLSIモデルの検証
　1．はじめに／2．EMIシミュレーションの活用／
　3．EMIシミュレーション精度検証／4．考察／5．まとめ
第7章　電磁界シミュレータを使用した
　　　　EMC現象の可視化
　1．はじめに／2．EMC対策でシミュレータが活用され
　ている背景／3．電磁界シミュレータが活用するマクス
　ウェルの方程式／4．部品の等価回路／5．Zパラメータ
　／6．Zパラメータと電磁界／7．電磁界シミュレータの
　効果／8．まとめ
第8章　ツールを用いた設計現場でのEMC・PI・SI設計
　1．はじめに／2．パワーインテグリティとEMI設計／
　3．SIとEMI設計／4．まとめ

第9章　3次元構造を加味したパワーインテグリティ評価
　1．はじめに／2．PI設計指標／3．システムの3次元構
　造における寄生容量／4．3次元PI解析モデル／5．解析
　結果および考察／6．まとめ
第10章　システム機器におけるEMC対策設計のポイント
　1．シミュレーション基本モデル／2．筐体へケーブル・
　基板を挿入したモデル／3．筐体内部の構造の違い／4．
　筐体の開口部について／5．EMC対策設計のポイント
第11章　設計上流での解析を活用した
　　　　EMC/SI/PI協調設計の取り組み
　1．はじめに／2．電気シミュレーション環境の構築／
　3．EMC-DRCシステム／4．大規模電磁界シミュレー
　ションシステム／5．シグナルインテグリティ(SI)解析シ
　ステム／6．パワーインテグリティ(PI)解析システム／
　7．EMC/SI/PI協調設計の実践事例／8．まとめ
第12章　エミッション・フリーの電気自動車をめざして
　1．はじめに／2．プロジェクトのミッション／3．新
　たなパワー部品への課題／4．電気自動車の部品／5．
　EMCシミュレーション技術／6．EMR試験および測定／
　7．プロジェクト実行計画／8．標準化への取り組み／
　9．主なプロジェクト成果／10．結論および今後の展望
第13章　半導体モジュールの
　　　　電源供給系(PDN)特性チューニング
　1．はじめに／2．半導体モジュールにおける電源供給系
　／3．PDN特性チューニング／4．プロトタイプによる評
　価／5．まとめ
第14章　電力変換装置の
　　　　EMI対策技術ソフトスイッチングの基礎
　1．はじめに／2．ソフトスイッチングの歴史／3．部分
　共振定番方式／4．ソフトスイッチングの得意分野と不得
　意分野／5．むすび
第15章　ワイドバンドギャップ半導体パワーデバイスを
　　　　用いたパワーエレクトロニクスにおけるEMC
　1．はじめに／2．セルフターンオン現象と発生メカニズ
　ム／3．ドレイン電圧印加に対するゲート電圧変化の検証
　実験／4．おわりに
第16章　IEC 61000-4-2間接放電イミュニティ試験と
　　　　多重放電
　1．はじめに／2．測定／3．考察／4．むすび
第17章　モード変換の表現可能な等価回路モデルを
　　　　用いたノイズ解析
　1．はじめに／2．不連続のある多線条路のモード等価
　回路／3．モード等価回路を用いた実測結果の評価／
　4．その他の場合の検討／5．まとめ
第18章　自動車システムにおける
　　　　電磁界インターフェース設計技術
　1．はじめに／2．アンテナ技術／3．ワイヤレス電力伝
　送技術／4．人体通信技術／5．まとめ
第19章　車車間・路車間通信
　1．はじめに／2．ITSと関連する無線通信技術の略史／
　3．700MHz帯高度道路交通システム（ARIB STD-T109）
　／4．未来のITSとそれを支える無線通信技術／まとめ
第20章　私のEMC対処法学問的アプローチの
　　　　弱点を突く、その対極にある解決方法
　1．はじめに／2．設計できるかどうか／3．なぜ「EMI/
　EMS対策設計」が困難なのか／4．「EMI/EMS対策設計」
　ができないとすれば、どうするか／5．EMI/EMSのトラ
　ブル対策（効率アップの方法）／6．対策における注意事項
　／7．EMC技術・技能の学習方法／8．おわりに

発行／科学情報出版（株）

―日本AEM学会／平成28年度 著作賞―

●ISBN 978-4-904774-43-4　　　　信州大学　田代 晋久　監修

設計技術シリーズ
環境磁界発電原理と設計法

本体 4,400 円 + 税

第1章　環境磁界発電とは
第2章　環境磁界の模擬
　2.1　空間を対象
　　2.1.1　Category A
　　2.1.2　Category B
　　2.1.3　コイルシステムの設計
　　2.1.4　環境磁界発電への応用
　2.2　平面を対象
　　2.2.1　はじめに
　　2.2.2　送信側コイルユニットのモデル検討
　　2.2.3　送信側直列共振回路
　　2.2.4　まとめ
　2.3　点を対象
　　2.3.1　体内ロボットのワイヤレス給電
　　2.3.2　磁界発生装置の構成
　　2.3.3　磁界回収コイルの構成と伝送電力特性
　　2.3.4　おわり
第3章　環境磁界の回収
　3.1　磁束収束技術
　　3.1.1　磁束収束コイル
　　3.1.2　磁束収束コア
　3.2　交流抵抗増加の抑制技術
　　3.2.1　漏れ磁束回収コイルの構造と動作原理
　　3.2.2　漏れ磁束回収コイルのインピーダンス特性
　　3.2.3　電磁エネルギー回収回路の出力特性
　3.3　複合材料技術
　　3.3.1　はじめに
　　3.3.2　Fe系アモルファス微粒子分散複合媒質
　　3.3.2.1　Fe系アモルファス微粒子
　　3.3.2.2　Fe系アモルファス微粒子分散複合媒質の作製方法
　　3.3.2.3　Fe系アモルファス微粒子分散複合媒質の複素比透磁率の周波数特性
　　3.3.2.4　Fe系アモルファス微粒子分散複合媒質の複素比誘電率の周波数特性
　　3.3.2.5　215 MHzにおけるFe系アモルファス微粒子分散複合媒質の諸特性
　　3.3.3　Fe系アモルファス微粒子分散複合媒質装荷VHF帯ヘリカルアンテナの作製と特性評価
　　3.3.3.1　複合媒質装荷ヘリカルアンテナの構造
　　3.3.3.2　複合媒質装荷ヘリカルアンテナの反射係数特性
　　3.3.3.3　複合媒質装荷ヘリカルアンテナの絶対利得評価
　　3.3.4　まとめ
第4章　環境磁界の変換
　4.1　CW回路
　　4.1.1　CW回路の構成
　　4.1.2　最適負荷条件
　　4.1.3　インダクタンスを含む電源に対する設計
　　4.1.4　蓄電回路を含む電力管理モジュールの設計
　4.2　CMOS整流昇圧回路
　　4.2.1　CMOS集積回路の紹介
　　4.2.2　CMOS整流昇圧回路の基本構成
　　4.2.3　チャージポンプ型整流回路
　　4.2.4　昇圧DC-DCコンバータ（ブーストコンバータ）の基礎
第5章　環境磁界の利用
　5.1　環境磁界のソニフィケーション
　　5.1.1　ソニフィケーションとは
　　5.1.2　環境磁界エネルギーのソニフィケーション
　　5.1.3　環境磁界のソニフィケーション
　5.2　環境発電用エネルギー変換装置
　　5.2.1　環境発電用エネルギー変換装置のコンセプト
　　5.2.2　回転モジュールの設計
　　5.2.3　環境発電装置エネルギー変換装置の設計
　5.3　磁歪発電
　5.4　振動発電スイッチ
　　5.4.1　発電機の基本構造と動作原理
　　5.4.2　静特性解析
　　5.4.3　動特性解析
　　5.4.4　おわり
　5.5　応用開発研究
　　5.5.1　環境磁界発電の特徴と応用開発研究
　　5.5.2　環境磁界発電の応用分野
　　5.5.3　応用開発研究の取り組み方
　5.6　中小企業の産学官連携事業事例紹介（ワイヤレス電流センサによる電力モニターシステムの開発）

発行／科学情報出版（株）

● ISBN 978-4-904774-10-6

近畿大学 小坂 学 著

設計技術シリーズ
mbedマイコンによるモータ制御設計法

本体 3,200 円＋税

第1章 各種モータの動作原理と制御理論
1. 各種モータの動作原理
   1.1 ブラシ付きDCモータの動作原理
   1.2 ステッピングモータの動作原理
      1.2.1 2相ステッピングモータ／1.2.2 3相ステッピングモータ
   1.3 ブラシレス同期モータの動作原理
      1.3.1 ブラシレス同期モータの種類／1.3.2 表面磁石同期モータ（SPMSM）／1.3.3 埋込磁石同期モータ（IPMSM）／1.3.4 シンクロナスリラクタンスモータ（SynRM）／1.3.5 各種モータの構造と特徴
   1.4 誘導モータの動作原理
2. 各種モータのモデル化
   2.1 ブラシ付きDCモータのモデル化
   2.2 ステッピングモータのモデル化
   2.3 ブラシレス同期モータのモデル化
      2.3.1 3相固定UVW座標モデル／2.3.2 自己インダクタンス Lu, Lv, Lw のモデル化／2.3.3 相互インダクタンス Muv, Mvw, Mwu のモデル化／2.3.4 ロータの永久磁石による磁束のU相成分／2.3.5 U相巻線を通過する全磁束／2.3.6 3相固定UVW座標電圧方程式／2.3.7 2相固定αβ座標モデル／2.3.8 UVW座標から2相固定αβ座標への座標変換／2.3.9 2相固定αβ座標電圧方程式／2.3.10 2相回転dq座標モデル／2.3.11 αβ座標から2相回転dq座標への座標変換／2.3.12 2相回転dq座標電圧方程式／2.3.13 dq座標における電圧と電流／2.3.14 トルク方程式
3. 各種モータの制御理論
   3.1 PID制御
      3.1.1 P制御／3.1.2 PI制御と位相遅れ補償／3.1.3 PD制御と位相進み補償／3.1.4 PID制御と位相進み遅れ補償／3.1.5 PID制御の目標値応答特性の改善等／3.1.6 I－PD制御／3.1.7 PI－D制御／3.1.8 2自由度制御の適用
   3.2 PID制御器のゲイン調整
      3.2.1 試行錯誤による調整
   3.3 非線形性
   3.4 アンチワインドアップ
   3.5 不感帯補償
   3.6 サンプル時間制御によるマイコンへの実装
      3.6.1 オイラー法による制御器のプログラム化／3.6.2 PID制御器のプログラム化
   3.7 ブラシ付きDCモータの制御方法
      3.7.1 メインループ／3.7.2 マイナーループ
   3.8 ブラシレス同期モータの制御方法
      3.8.1 メインループ／3.8.2 マイナーループ／3.8.3 ベクトル制御／3.8.4 非干渉化制御／3.8.5 最大トルク制御／3.8.6 弱め磁束制御／3.8.7 過変調PWM制御／3.8.8 最大効率運転

第2章 MATLABによる制御シミュレーション
1. MATLABの使い方
   1.1 Mat@Scilabのインストール

   1.2 MATLABの基本
      1.2.1 Mファイルによるプログラムの実行／1.2.2 CSVデータの取り扱い／1.2.3 行列と数学関数
   1.3 ブラシ付きDCモータに対するP制御系の設計
      1.3.1 制御系のブロック線図／1.3.2 シミュレーション用のMファイルの初期設定／1.3.3 制御対象の離散化／1.3.4 ブラシ付きDCモータのP制御シミュレーション／1.3.5 シミュレーション結果のグラフ化／1.3.6 グラフをパワーポイントで編集する
   1.4 MATLABの使用例
      1.4.1 極を求める／1.4.2 ナイキスト線図を書く／1.4.3 ボード線図を書く／1.4.4 ステップ応答を求める／1.4.5 インパルス応答を求める／1.4.6 安定余裕を求める／1.4.7 データを微分する／1.4.8 データをローパスフィルタに通す／1.4.9 データをハイパスフィルタに通す／1.4.10 データをノッチフィルタに通す
2. ブラシレス同期モータの速度制御シミュレーション
   2.1 初期設定 init_parameter
   2.2 速度制御 vel_control
   2.3 電流制御 idq_control
   2.4 モータ特性 sim_motor
   2.5 メインルーチン main2

第3章 mbedマイコンによるモータ制御設計の実例
1. mbedマイコンとは
2. 開発環境の準備
   2.1 実験の前にやること
   2.2 プログラムの実行とmbedからパソコンへの文字表示
   2.3 実験データの保存とグラフ化
      2.3.1 mbedがUSBドライブとして認識されないとき
3. ブラシ付きDCモータ制御マイコンの設計と電気配線
   3.1 プログラムのインポート
   3.2 実験で使用する部品リスト
   3.3 タイマー割り込みおよびリアルタイムOSによるサンプル時間制御
   3.4 PWMによるモータ入力電圧波形の発生
      3.4.1 PWMパルス波形の生成
   3.5 モータドライバ回路によるモータ入力電圧vの生成
      3.5.1 ブラシ付きDCモータのドライバ
   3.6 磁気センサによる回転角の計測
   3.7 ロータリエンコーダによる回転角の計測
      3.7.1 ロータリエンコーダの使用前準備とモータとの接続例／3.7.2 mbedマイコンのロータリエンコーダ用ライブラリ
   3.8 PID制御器による速度制御
   3.9 PID制御器による電流制御
   3.10 モータ電圧とモータ電流の検出
   3.11 モータ抵抗Raの測定
   3.12 モータの鎖交磁束φaの測定
   3.13 モータインダクタンスLの測定
   3.14 モータシミュレーションによる制御ソフトのデバッグ
4. ブラシレス同期モータ制御マイコンの設計と電気配線
   4.1 プログラムのインポート
   4.2 実験で使用する部品リスト
   4.3 三相正弦波PWM波形の生成
   4.4 フルブリッジドライバによる三相インバータ
   4.5 マイコンによる三相正弦波PWM波形の生成
      4.5.1 ノコギリ波比較による三相PWMパルス生成／4.5.2 三角波比較による三相PWMパルス生成
   4.6 PID制御器による速度制御
      4.6.1 負のトルクを発生させるとき
   4.7 ベクトル制御
      4.7.1 UVW相電流をdq軸電流に座標変換
   4.8 PID制御器による電流制御
      4.8.1 dq軸電圧ベクトルの大きさのMAX制限とアンチワインドアップ対策／4.8.2 dq軸電圧をUVW相電圧に座標変換
   4.9 運転開始前の位置合わせ
   4.10 モータ電圧とモータ電流の検出
   4.11 モータ抵抗Raの測定
   4.12 dq座標インダクタンス Ld, Lqの測定
   4.13 鎖交磁束数φaの測定
   4.14 モータシミュレーションによる制御ソフトのデバッグ

発行／科学情報出版（株）

●ISBN 978-4-904774-09-0

大阪府立大学　森本　茂雄　著
　　　　　　　真田　雅之

設計技術シリーズ

省エネモータの原理と設計法

本体 3,400 円+税

第1章　PMSMの基礎知識
1. はじめに
2. 永久磁石同期モータの概要
2-1　モータの分類と特徴
2-2　代表的なモータの特性比較
3. 固定子の基本構造と回転磁界
4. 回転子の基本構造と突極性
5. トルク発生原理

第2章　PMSMの数学モデル
1. はじめに
2. 座標変換の基礎
2-1　座標変換とは
2-2　座標変換行列
3. 静止座標系のモデル
3-1　三相静止座標系のモデル
3-2　二相静止座標系（α-β座標系）のモデル
4. d-q座標系のモデル
5. 制御対象としてのPMSMモデル
5-1　電気系モデル
5-2　電気-機械エネルギー変換
5-3　機械系

第3章　電流ベクトル制御法
1. はじめに
2. 電流ベクトル平面上の特性曲線
3. 電流位相と諸特性
3-1　電流一定時の電流位相制御特性
3-2　トルク一定時の電流位相制御特性
3-3　電流位相制御特性のまとめ
4. 電流ベクトル制御法
4-1　最大トルク／電流制御
4-2　最大トルク／磁束制御（最大トルク／誘起電圧制御）
4-3　弱め磁束制御
4-4　最大効率制御
4-5　力率1制御
4-6　電流ベクトルと三相交流電流の関係
5. インバータ容量を考慮した制御法
5-1　電流ベクトルの制約
5-2　電圧・電流制限下での電流ベクトル制御
5-3　電圧・電流制限下での最大出力制御

第4章　PMSMのドライブシステム
1. はじめに
2. 基本システム構成
3. 電流制御
3-1　非干渉化
3-2　非干渉電流フィードバック制御
3-3　電流制御システム
3-3-1　電流検出と座標変換

3-3-2　電圧指令値の作成
4. トルク・速度・位置の制御
4-1　トルクの制御
4-2　速度・位置の制御
5. 電圧の制御
5-1　電圧形PWMインバータ
5-2　電圧利用率を向上する変調方式
5-3　デッドタイムの影響と補償
6. ドライブシステムの全体構成
7. モータ定数の測定法
7-1　電機子抵抗の測定
7-2　電機子鎖交磁束の測定
7-3　d,q軸インダクタンスの測定
7-3-1　停止状態での測定
7-3-2　実運転状態での測定

第5章　PMSM設計の基礎
1. はじめに
2. 永久磁石・電磁鋼板
2-1　永久磁石
2-1-1　希土類磁石とその特徴
2-1-2　フェライト磁石とその特徴
2-2　永久磁石の不可逆減磁
2-2-1　永久磁石の熱減磁
2-2-2　永久磁石の反磁界による減磁
2-3　電磁鋼板
2-4　モータへの適用時における特有の事項
3. 実際の固定子巻線構造
3-1　分布巻方式
3-2　集中巻（短節集中巻）方式
3-3　分数スロット、極数の組み合わせ
4. 実際の回転子構造
4-1　永久磁石配置
4-1-1　横埋込形
4-1-2　縦埋込形
4-1-3　V字形
4-2　フラックスバリア
4-3　スキュー

第6章　PMSMの解析法3
1. はじめに
2. 磁気回路と電磁気学的基本事項
3. パーミアンス法
4. 有限要素法
4-1　有限要素法の概要
4-2　ポストプロセスにおける諸量の計算
5. 基本特性計算法
6. モータ定数算出法
6-1　d軸位置と永久磁石の電機子鎖交磁束 Ψ_a
6-2　インダクタンス
7. S-T特性計算法
7-1　基底速度以下
7-2　基底速度以上（弱め磁束制御）
7-3　基底速度以上（最大トルク／磁束制御）
7-4　鉄損の考慮
7-5　効率の計算

第7章　PMSMの設計法
1. はじめに
2. 設計のプロセス
3. 設計の具体例1（SPMSMの場合）
3-1　設計仕様
3-2　設計手順
4. 設計の具体例2（IPMSMの場合）
4-1　設計仕様
4-2　設計手順
5. 回転子構造と特性
5-1　磁石埋込方法
5-2　埋込深さ
5-3　磁石層数
5-4　フラックスバリアの影響
6. 脱レアアースモータ設計
7. コギングトルク・トルクリプル低減設計
7-1　フラックスバリア非対称化
7-2　異種ロータ構造の合成

発行／科学情報出版（株）

● ISBN 978-4-904774-16-8　㈱東芝　前川　佐理　著
　　　　　　　　　　　　　　㈱東芝　長谷川幸久　監修

設計技術シリーズ

家電用モータの
ベクトル制御と高効率運転法

本体 3,400 円＋税

第1章　家電機器とモータ
第2章　モータとインバータ
　1．永久磁石同期モータの特徴
　　1－1　埋込磁石型と表面磁石型
　　1－2　分布巻方式と集中巻方式
　　1－3　極数による違い
　2．永久磁石同期モータのトルク発生メカニズム
　　2－1　マグネットトルクの発生原理
　　2－2　リラクタンストルクの発生原理
　3．家電用インバータの構成
　　3－1　整流回路
　　3－2　スイッチング回路
　　3－3　ゲートドライブ回路
　　　3－3－1　ドライブ回路の構成
　　　3－3－2　ハイサイドスイッチ駆動電源
　　　3－3－3　スイッチング時間
　　　3－3－4　スイッチング素子の損失
　　　3－3－5　スイッチング素子のミラー容量による誤オン（誤点弧）
　　　3－3－6　ミラー容量による誤オン対策
　　3－4　電流検出回路
　　3－5　位置センサ
　　3－6　MCU（演算器）
　4．モータ制御用 MCU
第3章　高効率運転のための電流ベクトル制御
　1．ベクトル制御の概要
　　1－1　3相座標→$\alpha\beta$軸変換（clark 変換）
　　1－2　絶対変換時の3相→2相変換のエネルギーの等価性について
　　1－3　$\alpha\beta$軸→dq軸変換（park 変換）
　　1－4　3相座標系と$\alpha\beta$軸、dq軸の電気・磁気的関係
　　1－5　3相→dq軸の変換例
　　1－6　dq軸座標系のトルク・電力式
　2．最大トルク／電流制御
　　2－1　同一トルクを出力する電流パターン
　3．弱め界磁制御・最大トルク／電圧制御
　　3－1　モータ回転数と直流リンク電圧による電流通電範囲の制限
　　3－2　最大トルク／電圧制御
　　　3－2－1　最大出力型弱め界磁制御（電流リミット有り）
　　　3－2－2　トルク指令型弱め界磁制御（電流リミット有り）
　　　3－2－3　速度制御型弱め界磁制御（電流リミット有り）
　　3－3　弱め界磁制御の構成
　4．電流制御の構成
　　4－1　dq軸の非干渉制御
　　4－2　電流制御 PI ゲインの設計方法
　　4－3　離散時間系の補償方法
　5．速度制御

第4章　PWMインバータによる電力変換法
　1．PWMによる電圧の形成方法
　2．相電圧・線間電圧とdq軸電圧の関係
　3．電圧利用率向上法
　　3－1　方式1．3次高調波電圧法
　　3－2　方式2．空間ベクトル法
　4．2相変調
　　4－1　3次高調波電圧法による2相変調
　　4－2　空間ベクトル法による2相変調
　5．過変調制御
　　5－1　過変調制御による可変速運転範囲の拡大
　　5－2　過変調率と線間電圧の高調波成分
　　5－3　過変調制御の構成
　6．デッドタイム補償
　　6－1　デッドタイムによる電圧指令値と実電圧値の差異
　　6－2　デッドタイムの補償方法
第5章　センサレス駆動技術
　1．位置センサレスの要求
　2．誘起電圧を利用するセンサレス駆動法
　　2－1　位置推定原理
　　2－2　dq軸（磁極位置）と推定$d_c q_c$軸（コントローラの認識軸）
　　2－3　突極性の推定性能への影響
　　2－4　位置誤差推定値$\Delta\theta_c$を用いた位置推定法
　　2－5　推定しているモータパラメータの誤差影響
　　2－6　ΔL_dと推定誤差による脱調現象
　　2－7　モータパラメータの誤差要因
　　2－8　巻線抵抗 R の変動要因
　　2－9　q軸インダクタンス L_q の変動要因
　3．突極性を利用するセンサレス駆動法
　　3－1　高周波電圧印加法
　　3－2　突極性を利用する位置センサレス駆動の構成
　　3－3　極性判別
　　3－4　主磁束インダクタンスと局所インダクタンス
　　3－5　dq軸干渉のあるセンサレス特性への影響
　　3－6　磁気飽和、軸間干渉を考慮したインダクタンスの測定方法
　4．位置決めと強制同期駆動法
　　4－1　位置推定法の長所と短所
　　4－2　駆動原理と制御方法
　　4－3　強制同期駆動によるモータ回転動作
　　4－4　強制同期駆動の運転限界
第6章　モータ電流検出技術
　1．電流センサとシャント抵抗
　2．3シャント電流検出法
　　2－1　3シャント電流検出回路の構成
　　2－2　スイッチングによる検出値の変化
　3．1シャント電流検出技術
　　3－1　電流検出の制約
　　3－2　電流の検出タイミング
第7章　家電機器への応用事例
　1．洗濯機への適用
　　1－1　洗い運転
　　1－2　脱水・ブレーキ運転
　　　1－2－1　短絡ブレーキ
　　　1－2－2　回生ブレーキ
　2．ヒートポンプコンプレッサへの適用
　　2－1　最大効率／電流特性
　　2－2　過変調制御時の特性
第8章　可変磁力モータ
　1．永久磁石同期モータの利点と問題点
　2．可変磁力モータとは
　　2－1　磁力の可変方法
　　2－2　磁力の可変原理
　　　2－2－1　減磁作用
　　　2－2－2　増磁作用
　　2－3　可変磁力モータの構成
　　2－4　磁石特性
　3．可変磁力モータの制御
付録　デジタルフィルタの設計法

発行／科学情報出版（株）

●ISBN 978-4-904774-35-9　　　　　　　　福岡大学　末次 正　著

設計技術シリーズ
RF電力増幅器の基礎と設計法

本体 3,300 円＋税

第1章　序論
1．RF 電力増幅器の利用分野
2．増幅器の分類
3．電力増幅器の利用形態
4．電力増幅器と電力効率
5．電力増幅器と同調回路
第2章　増幅器の基礎
1．性能指標（効率、電力）
　1.1　効率
　1.2　全体効率（Overall Efficiency）
　1.3　ドレイン効率
　　　（Drain Efficiency or Collector Efficiency）
　1.4　PAE（Power Added Efficiency）
　1.5　電力出力容量（Power Output Capability：c_P）
2．性能指標（線形性）
　2.1　THD（Total Harmonic Distortion）
　2.2　相互変調（Intermodulation）
　3．線形増幅器とスイッチング増幅器
第3章　線形増幅器
1．A級増幅器
2．B級増幅器
3．AB級増幅器
4．C級増幅器
　4.1　電流源型 C 級増幅器
　4.2　飽和型 C 級増幅器
第4章　スイッチング増幅器
1．D級増幅器
　1.1　理想動作
　1.2　非理想成分を含む回路の動作
　　1.2.1　設計値からずれた動作
　　1.2.2　ON 抵抗の影響
　　1.2.3　シャントキャパシタンスの影響
　　1.2.4　非線形キャパシタの影響
　1.3　D 級の制御方法
　　1.3.1　PWM 変調
　　1.3.2　AM 変調
2．E級増幅器
　2.1　スイッチング増幅器の高周波化の利点
　　2.1.1　スイッチング増幅器の高効率化の利点
　　2.1.2　ゼロ電圧スイッチング方式
　　2.1.3　ボディダイオードによる ZVS 動作
　2.2　E 級スイッチング（ソフトスイッチング）

　2.3　E 級増幅器　定義
　2.4　理想動作
　2.5　非理想動作
　　2.5.1　設計値からずれた動作
　　2.5.2　ボディダイオードを含む動作
　　2.5.3　非理想成分の影響
　2.6　第 2 高調波共振型 E 級増幅器
　2.7　非線形シャントキャパシタンス
　2.8　その他の回路構成
　　2.8.1　One capacitor and one inductor　E 級
　　2.8.2　DE 級増幅器
　　2.8.3　E_M 級
　　2.8.4　逆 E 級増幅器（Inverse Class E Amplifier）
　　2.8.5　$Φ_2$ 級インバータ
　　2.8.6　E 級周波数逓倍器
　　2.8.7　E 級発振器
　　2.8.8　E 級整流器
　　2.8.9　E 級 DC-DC コンバータ
　2.9　E 級の制御方法
　　2.9.1　周波数制御
　　2.9.2　位相制御（Phase-Shift Control
　　　　　または Outphasing Control）
　　2.9.3　AM 変調（Drain 変調または Collector 変調）
3．F級増幅器
　3.1　一つの高調波を用いるもの
　　　（F1 級増幅器：Biharmonic mode）
　3.2　複数の高調波を用いるもの
　　　（F2 級増幅器：Polyharmonic mode）
　3.3　逆 F 級増幅器
4．S級増幅器
　4.1　回路構成
　4.2　PWM 変調による出力電圧の歪
5．G級以降
第5章　信号の線形化、高効率化
1．線形化
　1.1　プレディストーション
　1.2　フィードフォワード
2．高効率化
　2.1　エンベロープトラッキング（包絡線追跡）
　2.2　EER（包絡線除去・再生）
　2.3　Doherty 増幅器
　2.4　Outphasing（位相反転方式）
第6章　同調回路
1．狭帯域同調回路
　1.1　集中定数素子狭帯域同調回路
　　1.1.1　L マッチング回路
　　1.1.2　スミスチャートを用いた図的解法
　　1.1.3　π マッチング回路と T マッチング回路
　1.2　伝送線路狭帯域同調回路
　　1.2.1　伝送線路狭帯域同調回路
　　1.2.2　スミスチャートによる伝送線路のインピーダンス整合
2．広帯域同調回路
　2.1　磁気トランス回路
　2.2　伝送線路トランス
　　2.2.1　伝送線路トランスの基礎
　　2.2.2　Guanella 接続
　　2.2.3　Ruthroff 接続
　　2.2.4　Guanella と Ruthroff の組み合わせ
第7章　パワーデバイス
1．BJT
2．FET
3．ヘテロ接合
　3.1　HEMT 構造
　3.2　HBT
4．化合物半導体
　4.1　GaAs（ガリウムヒ素）デバイス
　4.2　ワイドバンドギャップデバイス
5．パッケージ

発行／科学情報出版（株）

●ISBN 978-4-904774-36-6　　　　　大分大学　榎園 正人 著

設計技術シリーズ

IE4モータ開発への要素技術

ベクトル磁気特性技術と設計法

モータの低損失・高効率化設計法

本体 3,400 円＋税

第1章　低損失・高効率モータと社会
1. 次世代電気機器と背景
2. IEC 効率コード
3. トップランナー方式
4. 低炭素化社会に向けて

第2章　従来技術の問題点・限界・課題
1. 磁性材料の磁気特性測定法の問題点
   - 1-1 電磁鋼板の発達と計測法
   - 1-2 磁性材料の測定条件
2. 磁気特性測定法の分類
   - 2-1 標準測定技術（IEC 並びに JIS 規格試験法）
   - 2-2 評価測定技術（H コイル法）
   - 2-3 活用測定技術（ベクトル測定法）
3. スカラー磁気特性技術の限界
4. ビルディングファクターと磁気特性の劣化
5. 電気機器の損失増加要因

第3章　ベクトル磁気特性測定
1. ベクトル磁気特性測定法
   - 1-1 一次元測定法と二次元測定法
   - 1-2 ベクトル磁気特性測定法
2. ベクトル磁気特性の測定条件（位相制御）
3. 二次元ベクトル磁気特性測定
4. ベクトル磁気特性の特徴
   - 4-1 交番磁束条件下のベクトル磁気特性
   - 4-2 回転磁束条件下のベクトル磁気特性
5. ベクトル磁気特性下の磁気共損失

第4章　実機のベクトル磁気特性分布
1. 局所ベクトル磁気特性分布の測定法
2. 変圧器鉄心中のベクトル磁気特性分布
   - 2-1 単相モデル鉄心
   - 2-2 三相モデル鉄心
   - 2-3 三相三脚変圧器鉄心
   - 2-4 方向性電磁鋼板
3. 三相誘導モータ鉄心中のベクトル磁気特性分布
   - 3-1 B ベクトルと H ベクトルの分布
   - 3-2 最大磁束密度分布と最大磁界強度分布
   - 3-3 鉄心材料の圧延磁気異方性の影響
   - 3-4 積層鉄心溶接部の影響
   - 3-5 鉄損分布
   - 3-6 回転磁束鉄損の分布
   - 3-7 高調波成分のベクトル磁気特性
4. 三相誘導モータ鉄心の PWM インバータ励磁下のベクトル磁気特性分布
   - 4-1 PWM インバータ励磁
   - 4-2 PWM インバータ励磁下の磁気特性
   - 4-3 PWM インバータ励磁下のベクトル磁気特性分布

第5章　応力ベクトル磁気特性
1. 磁気特性に及ぼす応力の影響
   - 1-1 応力下の交流ヒステリシスループ
   - 1-2 鉄損に及ぼす応力の影響
2. モータ鉄心の残留応力分布
   - 2-1 残留応力の測定原理
   - 2-2 残留応力評価方法
     - 2-2-1 測定試料
     - 2-2-2 測定方法
     - 2-2-3 応力評価法
   - 2-3 モータ鉄心の局所残留応力分布
   - 2-4 残留応力の分布評価
     - 2-4-1 応力分布
     - 2-4-2 主応力の評価
3. 応力ベクトル磁気特性
   - 3-1 二軸応力下ベクトル磁気特性測定システム
   - 3-2 応力印加時のベクトル磁気特性評価
     - 3-2-1 応力ベクトル磁気特性測定評価方法
     - 3-2-2 従来の評価測定の問題点
   - 3-3 交番磁束条件下の二軸応力下におけるベクトル磁気特性
   - 3-4 回転磁束条件下の二軸応力下におけるベクトル磁気特性
4. モータ鉄心中の応力ベクトル磁気特性と鉄損

第6章　ベクトル磁気特性解析
1. 磁気抵抗率テンソル
2. 定常積分型ベクトルヒステリシス E&S モデルによるベクトル磁気特性解析
   - 2-1 定常積分型 E&S モデル
   - 2-2 積分型 E&S モデルによる磁気特性解析基礎方程式
3. 定常ベクトル磁気特性解析
   - 3-1 電磁鋼板モデルのベクトル磁気特性解析
   - 3-2 単相鉄心モデルのベクトル磁気特性解析
   - 3-3 三相鉄心モデルのベクトル磁気特性解析
   - 3-4 三相変圧器の接合方式の違いによる検討
   - 3-5 誘導モータ鉄心の低磁化失の検討
4. モータ鉄心中の応力ベクトル磁気特性と鉄損
   - 4-1 定常積分型 E&S モデルの意味
   - 4-2 ダイナミック積分型 E&S モデル
   - 4-3 ダイナミック積分型 E&S モデルのための係数決定法
     - 4-3-1 フーリエ変換を利用した余弦波成分および正弦波成分への分解方法
     - 4-3-2 磁束密度波形および磁界強度波形
     - 4-3-3 磁気抵抗係数および磁気ヒステリシス係数
     - 4-3-4 磁界の位相補正
     - 4-3-5 回転座標変換による任意の磁化容易軸方向の考慮
   - 4-4 ダイナミック積分型 E&S モデルによる磁気特性解析基礎方程式
   - 4-5 ダイナミックベクトル磁気特性解析
     - 4-5-1 定常型とダイナミックス型磁気特性解析結果の比較
     - 4-5-2 測定結果との比較
5. ダイナミックベクトル磁気特性解析による解析結果
   - 5-1 三相変圧器
   - 5-2 永久磁石モータ
   - 5-3 誘導モータ

第7章　ベクトル磁気特性活用技術
1. 低損失・高効率化に向けて
2. 磁性材料活用技術
3. 設計・開発ツール
4. 設計・製造技術
5. 低損失化支援技術
   - 5-1 局所ベクトル磁気特性分布測定技術
   - 5-2 鉄損分布可視化技術
   - 5-3 製造支援装置
6. ベクトル磁気特性制御技術

発行／科学情報出版（株）

●ISBN 978-4-904774-42-7

東京都市大学　西山 敏樹
㈱イクス　　　遠藤 研二　著
㈲エーエムクリエーション　松田 篤志

設計技術シリーズ

インホイールモータ原理と設計法

本体 4,600 円＋税

1．インホイールモータの概要とその導入意義
2．インホイールモータを導入した実例
　2.1　パーソナルモビリティの実例
　2.2　乗用車の実例
　2.3　バスの実例
　2.4　将来に向けた応用可能性
3．回転電機の基礎とインホイールモータの概論
　3.1　本章の主な内容と流れ
　　3.1.1　本書で取り扱うモータの種類
　　3.1.2　磁石モータ設計の流れ
　3.2　モータの仕様決定
　　3.2.1　負荷パターンの算出
　　3.2.2　定格の決定
　　3.2.3　モータ特性への称賛
　　3.2.4　温度の遅れ要素
　　3.2.5　1次遅れの話
　3.3　電磁気学
　　3.3.1　帰結と演繹
　　3.3.2　マクスウェルに至るまでの歴史
　　3.3.3　マクスウェルの電磁方程式
　　3.3.4　磁気ベクトルポテンシャルの導入
　　3.3.5　マクスウェルの方程式に残る不可解さ
　　3.3.6　マクスウェルの式が扱えない理解不能な事象
　　3.3.7　マクスウェルの式が扱えない事象
　3.4　電磁気の簡易公式
　　3.4.1　ローレンツ力
　　3.4.2　フレミングの法則
　　3.4.3　簡易則の留意点
　　3.4.4　その他の簡易法則
　3.5　モータの体格
　　3.5.1　機械定数
　　3.5.2　電気定数
　　3.5.3　磁気定数
　　3.5.4　機械定数と電気装荷、磁気装荷
　3.6　モータと極数

　　3.6.1　交流モータの胎動
　　3.6.2　単相
　　3.6.3　2相
　　3.6.4　コンデンサ
　　3.6.5　インダクタンス
　　3.6.6　抵抗
　　3.6.7　虚数
　　3.6.8　虚時間
　　3.6.9　n相
　　3.6.10　3相
　　3.6.11　5相、7相、多相
　3.7　極数の選択
　3.8　コイルと溝数および設計試算
　　3.8.1　コイル構成と溝数
　　3.8.2　磁気装荷
　　3.8.3　直列導体数
　　3.8.4　直並列回路
　　3.8.5　隣極接続と隔極接続
　　3.8.6　スター結線とデルタ結線
　　3.8.7　溝断面の設定と導体収納
　　3.8.8　温度推定
　　3.8.9　ロータコアの構造
　　3.8.10　内外逆転したアウターロータ構造
　3.9　素材
　　3.9.1　コア材
　　3.9.2　技術資料に見る特性の留意点
　　3.9.3　高珪素鋼板
　　3.9.4　ヒステリシス損と渦電流損
　　3.9.5　付加鉄損
　　3.9.6　圧粉磁心
　　3.9.7　芯線の素材
　　3.9.8　マグネットワイヤ
　　3.9.9　被覆材の厚み
　　3.9.10　高温下での寿命の算出
　　3.9.11　丸断面からの逸脱
　　3.9.12　磁石素材
　　3.9.13　希土類元素
　　3.9.14　磁石性能の向上
　　3.9.15　モータの中で磁石が果たす役割
　　3.9.16　磁石利用の実務
　　3.9.17　効率最大化への試み
　　3.9.18　鉄機械と銅機械
　　3.9.19　効率最大原理
　3.10　制御
　　3.10.1　2軸理論
　　3.10.2　トルク式
　　3.10.3　3相PWMインバータの構成
　3.11　誘導モータ
　　3.11.1　構造
　　3.11.2　原理
　　3.11.3　磁石モータとの比較
　3.12　小括
　3章の参考図書と印象

4．インホイールモータ設計の実際
　4.1　要求性能の定量化
　　4.1.1　インホイールモータについての予備知識
　　4.1.2　インホイールモータの役割
　　4.1.3　走行抵抗の計算
　　　4.1.3.1　平坦路走行負荷の計算・・・転がり抵抗（F_{ro}）
　　　4.1.3.2　平坦路走行負荷の計算・・・空気抵抗（F_l）
　　　4.1.3.3　登坂負荷の計算（F_{cr}）
　　　4.1.3.4　加速負荷の計算（F_a）
　　　4.1.3.5　負荷計算のまとめと走行に必要な出力
　　4.1.4　電費の計算
　　　4.1.4.1　電費評価の方法（規格・基準）
　　　4.1.4.2　電費計算の実際
　4.2　設計の実際
　　4.2.1　基本構想（レイアウト）
　　4.2.2　強度・剛性について
　　4.2.3　バネ下重量について

5．商品化、量産化に向けての仕事
　5.1　評価の概要
　　5.1.1　構想〜計画
　　5.1.2　単品設計〜試作手配
　　5.1.3　組立〜試運転
　5.2　評価の詳細
　　5.2.1　性能評価
　　5.2.2　耐久性の評価
　　5.3　評価のまとめ
　4章から5章の参考文献

発行／科学情報出版（株）

● ISBN 978-4-904774-31-1　　　月刊 EMC 編集部　監修

設計技術シリーズ

電磁ノイズ発生メカニズムと克服法
電子機器の誤動作対策設計事例集と解説

本体 3,600 円＋税

【電磁ノイズ発生メカニズム】

第 1 章　電子機器の発生するノイズとその発生メカニズム
1. はじめに
2. 電子機器の発生するノイズ
3. 電子回路から発生するノイズの特性
4. まとめ

第 2 章　ノイズ対策のための計測技術
1. はじめに
2. EMC 規格適合を評価するための規格で定められた計測手法（EMC 試験）
3. 製品の EMC 性能向上に貢献する計測手法
4. まとめ
付録 1 CISPR（国際無線障害特別委員会）／付録 2 放射エミッション測定用のアンテナ／付録 3 水平偏波、垂直偏波とグラウンドプレーン表面での反射の影響／付録 4 デシベル

第 3 章　ノイズ対策のためのシミュレーション技術
1. はじめに
2. 回路シミュレータとその応用
3. 電磁界シミュレータ
4. EMC 設計におけるシミュレーションの役割
5. むすび

第 4 章　電子機器におけるノイズ対策手法
1. はじめに
2. 基板を流れる電流
3. ディファレンシャルモード電流に起因するノイズ抑制対策 I ─信号配線系
4. ディファレンシャルモード電流に起因するノイズ抑制対策 II ─電源供給系
5. コモンモード電流に起因するノイズ抑制対策
6. むすび

【電磁ノイズを克服する法】

第 5 章　静電気
帯電人体からの静電気放電とその本質
1. はじめに
2. IEC 静電気耐性試験法と帯電人体 ESD
3. 放電電流の測定法
4. 放電電流と放電特性
5. おわりに

第 6 章　電波暗室とアンテナ
EMI 測定における試験場所とアンテナ
1. オープン・テスト・サイトと電波暗室
2. 放射妨害電界強度測定とアンテナ係数
3. 広帯域アンテナによる電界強度測定
4. サイト減衰量
5. アンテナ校正試験用サイト
6. 放射妨害波測定における試験テーブルの影響
7. 1 GHz 以上の周波数帯域での測定
8. 磁界強度測定とループ・アンテナ
9. ARP 958 による 1 m 距離でのアンテナ係数

第 7 章　シールド
電磁波から守るシールドの基礎
1. はじめに
2. シールドの基礎
3. 平面波シールド
4. 電界および磁界シールド理論
5. 電磁界シミュレータの応用例
付録 1 シールド効果の表現／付録 2 シェルクノフの式の導出（その 1）／付録 3 シェルクノフの式の導出（その 2）／付録 4 TE 波と TM 波の考え方／付録 5 異方性材料のシールド効果の計算／付録 6 三層シールドの場合／付録 7 電界シールドにおける波動インピーダンス

第 8 章　イミュニティ向上
機器のイミュニティ試験の概要
1. 高周波イミュニティ試験規格について
2. 静電気放電イミュニティ試験
3. 放射無線周波（RF）電磁界イミュニティ試験
4. 電気的高速過渡現象／バースト (EFT/B) イミュニティ試験
5. サージイミュニティ試験
6. 無線周波数電磁界で誘導された伝導妨害に対するイミュニティ試験

第 9 章　電波吸収体
電磁波から守る電波吸収体の基礎
1. はじめに
2. 電波吸収材料
3. 電波と伝送線路
4. 具体的な設計法
5. おわりに

第 10 章　フィルタ
フィルタの動作原理と使用方法
1. はじめに
2. EMI 除去フィルタの構成
3. EMI 除去フィルタ
4. フィルタを上手に使おう
5. フィルタを上手に選ぼう
6. まとめ

第 11 章　伝導ノイズ
電源高調波と電圧サージ
1. はじめに
2. 電源高調波
3. 電圧サージ
4. あとがき

第 12 章　パワエレ
パワーエレクトロニクスにおける EMC の勘どころ
1. はじめに
2. ノイズ・EMC に関して
3. ノイズの種類
4. インバータのノイズ
5. 「発生源」でのノイズ低減
6. 「影響を受ける回路」のノイズ耐量向上
7. 「伝達経路」でのノイズ低減
8. ノイズ耐量の向上
9. おわりに

発行／科学情報出版（株）

●ISBN 978-4-904774-58-8

長岡技術科学大学　磯部　浩已　著
一関工業高等専門学校　原　圭祐

設計技術シリーズ

超音波振動加工技術
~装置設計の基礎から応用~

3.3　超音波旋削加工の研究事例
　　3.3.1　高速超音波旋削の事例・背分力方向振動切削の場合
　　3.3.2　高速超音波旋削の事例・主分力方向振動切削の場合
3.4　超音波切削による規則テクスチャ生成
3.5　超音波異形シェーバー加工

4．回転工具による機械的除去加工
4.1　超音波スピンドルの構成および特性
　　4.1.1　装置構成
　　4.1.2　静圧空気案内を用いた超音波スピンドル
　　4.1.3　工具の取り付け方法
　　4.1.4　励振方法および振動特性
4.2　小径ドリル加工への応用
　　4.2.1　小径加工に対する要求と問題
　　4.2.2　ドリル加工における超音波振動の効果と加工事例
4.3　超音波振動加工における工具振動モード
　　4.3.1　振動モードの考え方
　　4.3.2　振動状態の測定方法
　　4.3.3　振動状態の測定結果
　　4.3.4　工具振動が加工に与える影響
4.4　金型の形彫り研削加工への応用
　　4.4.1　金型加工技術への要求
　　4.4.2　超音波加工の原理および加工装置
　　4.4.3　加工実験
4.5　まとめ

本体 3,200 円＋税

1．超音波振動加工概要
　1.1　超音波振動の機械的除去加工への応用
　1.2　機械加工への応用
　　1.2.1　切削・切断加工への応用例
　　1.2.2　研削加工への応用例
　1.3　加工装置の開発事例

2．超音波振動の原理と装置設計
　2.1　超音波振動とは
　2.2　超音波切削加工の原理
　2.3　超音波振動装置設計の基本原理
　2.4　超音波振動の励振方法
　2.5　CAEによる振動状態の解析
　2.6　超音波振動モードが加工に及ぼす影響
　2.7　超音波振動状態の測定方法
　2.8　振動切削装置の設計事例
　2.9　まとめ

3．非回転工具による除去加工
　3.1　旋削加工のための装置
　3.2　振動切削論と超臨界切削速度超音波切削に関する研究

5．研削液への超音波振動エネルギ重畳
　5.1　研削加工
　5.2　期待できる効果と原理
　5.3　加工実験
　　5.3.1　エフェクタと加工点間の距離の影響
　　5.3.2　目づまり抑制効果
　　5.3.3　研削熱低減効果
　5.4　まとめ

6．超音波加工現象の究明
　6.1　超音波加工現象を可視化する必要性
　6.2　光弾性法の原理
　6.3　システム構成
　6.4　二次元切削時の応力分布について
　6.5　応力分布変動からみた超音波切削加工の現象
　　6.5.1　振動に同期したストロボ撮影方法
　　6.5.2　応力分布の時間的変動
　6.6　まとめ

発行／科学情報出版（株）

●ISBN 978-4-904774-59-5　　　　　立命館大学　徳田　昭雄　著

EUにおけるエコシステム・デザインと標準化
―組込みシステムからCPSへ―

本体 2,700 円＋税

**序論　複雑な製品システムのR&Iと
　　　オープン・イノベーション**
1．CoPS、SoSsとしての組込みシステム／CPS
　1－1　組込みシステム／CPSの技術的特性
　1－2　CoPSとオープン・イノベーション
2．重層的オープン・イノベーション
　2－1　「チャンドラー型企業」の終焉
　2－2　オープン・イノベーション論とは
3．フレームワーク・プログラムとJTI
　3－1　3大共同研究開発プログラム
　3－2　共同技術イニシアチブと欧州技術プラットフォーム

**1章　欧州（Europe）2020戦略と
　　　ホライゾン（Horizon）2020**
1．はじめに
2．欧州2020戦略：Europe 2020 Strategy
　2－1　欧州2020を構成する三つの要素
　2－2　欧州2020の全体像
3．Horizon 2020の特徴
　3－1　既存プログラムの統合
　3－2　予算カテゴリーの再編
4．小結

**2章　EUにおける官民パートナーシップ
　　　PPPのケース：EGVI**
1．はじめに
2．PPPとは何か
　2－1　民間サイドのパートナーETP
　2－2　ETPのミッション、活動、プロセス
　2－3　共同技術イニシアチブ（JTI）と契約的PPP
3．EGVIの概要
　3－1　FP7からH2020へ
　3－2　EGVIの活動内容
　　3－2－1　EGVIと政策の諸関係
　　3－2－2　EGVIのロードマップ
　　3－2－3　EGVIのガバナンス
4．小結

**3章　欧州技術プラットフォームの役割
　　　ETPのケース：ERTRAC**
1．はじめに
2．ERTRACとは何か？
　2－1　E2020との関係
　2－2　H2020との関係
　2－3　ERTRACの沿革
3．ERTRACの第1期の活動
　3－1　ERTRACのミッション、ビジョン、SRA
　3－2　ERTRACの組織とメンバー
4．ERTRACの第2期の活動
　4－1　新しいSRAの策定
　4－2　SRAとシステムズ・アプローチ
　4－3　九つの技術ロードマップ
　4－4　第2期の組織
　4－5　第2期のメンバー
5．小結

**4章　組込みシステムからCPSへ：
　　　新産業創造とECSEL**
1．はじめに
2．CPSとは何か？
　2－1　米国およびEUにとってのCPS
　2－2　EUにおけるCPS研究体制
3．ARTEMISの活動
　3－1　SRAの作成プロセスとJTI
　3－2　ARTEMISのビジョンとSRA
　　3－2－1　アプリケーション・コンテクスト
　　3－2－2　研究ドメイン：基礎科学と技術
　3－3　ARTEMISの組織と研究開発資金
4．ARTEMMISからECSELへ
　4－1　電子コンポーネントシステム産業の創造
　4－2　ECSELにおけるCPS
　4－3　ECSELとIoT
5．小結

結びにかえて
1．本書のまとめ
2．「システムデザイン・アプローチ」とは何か？
3．SoSsに応じたエコシステム形成

発行／科学情報出版（株）

●ISBN 978-4-904774-60-1　　　　　　　　筑波大学　岩田　洋夫　著

設計技術シリーズ

VR実践講座
HMDを超える4つのキーテクノロジー

本体 3,600 円＋税

第1章　VRはどこから来てどこへ行くか
1-1　「VR元年」とは何か
1-2　歴史は繰り返す

第2章　人間の感覚とVR
2-1　電子メディアに欠けているもの
2-2　感覚の分類
2-3　複合感覚
2-4　神経直結は可能か？

第3章　ハプティック・インタフェース
3-1　ハプティック・インタフェースとは
3-2　エグゾスケルトン
3-3　道具媒介型ハプティック・インタフェース
3-4　対象指向型ハプティック・インタフェース
3-5　ウェアラブル・ハプティックス
　　　－ハプティック・インタフェースにおける接地と非接地
3-6　食べるVR
3-7　ハプティックにおける拡張現実
3-8　疑似力覚
3-9　パッシブ・ハプティックス
3-10　ハプティックスとアフォーダンス

第4章　ロコモーション・インタフェース
4-1　なぜ歩行移動か
4-2　ロコモーション・インタフェースの設計指針と実装形態の分類
4-3　Virtual Perambulator
4-4　トーラストレッドミル
4-5　GaitMaster
4-6　ロボットタイル
4-7　靴を駆動するロコモーション・インタフェース
4-8　歩行運動による空間認識効果
4-9　バーチャル美術館における歩行移動による絵画鑑賞
4-10　ロコモーション・インタフェースを用いないVR空間の歩行移動

第5章　プロジェクション型V
5-1　プロジェクション型VRとは
5-2　全立体角ディスプレイGarnet Vision
5-3　凸面鏡で投影光を拡散させるEnsphered Vision
5-4　背面投射球面ディスプレイRear Dome
5-5　超大型プロジェクション型VR
　　　Large Space

第6章　モーションベース
6-1　前庭覚とVR酔い
6-2　モーションベースによる身体感覚の拡張
6-3　Big Robotプロジェクト
6-4　ワイヤー駆動モーションベース

第7章　VRの応用と展望
7-1　視聴覚以外のコンテンツはどうやって作るか？
7-2　期待される応用分野
7-3　VRは社会インフラへ
7-4　究極のVRとは

発行／科学情報出版（株）

設計技術シリーズ
PWM DCDC電源の設計

2017年11月25日　　初版発行

著　者	里　誠	©2017
発行者	松塚　晃医	
発行所	科学情報出版株式会社	
	〒300-2622　茨城県つくば市要443-14 研究学園	
	電話　029-877-0022	
	http://www.it-book.co.jp/	

ISBN 978-4-904774-63-2　C2054
※転写・転載・電子化は厳禁